中国地质大学（武汉）实验教学系列教材
中国地质大学（武汉）实验技术研究经费资助出版

建筑结构实验指导书

JIANZHU JIEGOU SHIYAN ZHIDAOSHU

张伟丽　周云艳 ◎ 主 编

中国地质大学(武汉)实验教学系列教材

编委会名单

主　任：刘勇胜

副主任：徐四平　　殷坤龙

编委会成员：(以姓氏笔画排序)

　　　文国军　　朱红涛　　祁士华　　毕克成　　刘良辉

　　　阮一帆　　肖建忠　　陈　刚　　张冬梅　　吴　柯

　　　杨　喆　　金　星　　周　俊　　章军锋　　龚　健

　　　梁　志　　董元兴　　程永进　　窦　斌　　潘　雄

选题策划：

　　　毕克成　　李国昌　　张晓红　　赵颖弘　　王凤林

目 录

第一部分 结构力学实验指导

实验一 结构力学实验初步认识 …………………………………………………… (3)

实验二 结点性质的对比实验 …………………………………………………… (14)

实验报告 结点性质的对比实验报告 …………………………………………… (20)

实验三 典型桁架结构静载实验 ………………………………………………… (23)

实验报告 典型桁架结构静载实验报告 ………………………………………… (28)

实验四 焊接钢桁架结构静载实验 ……………………………………………… (31)

实验报告 焊接钢桁架结构静载实验报告 ……………………………………… (38)

实验五 球结点钢桁架结构静载实验 …………………………………………… (41)

实验报告 球结点桁架结构静载实验报告 ……………………………………… (46)

实验六 典型刚架结构静载实验 ………………………………………………… (49)

实验报告 典型刚架结构静载实验报告 ………………………………………… (55)

第二部分 结构实验指导

实验一 电阻应变片的粘贴 ……………………………………………………… (61)

实验二 静态电阻应变仪桥路原理实验 ………………………………………… (64)

实验三 标定荷重传感器实验 …………………………………………………… (68)

实验四 钢网架结构静载实验 …………………………………………………… (72)

实验五 钢筋混凝土梁正截面受弯性能实验 …………………………………… (78)

实验六 钢框架动载实验 ………………………………………………………… (85)

实验七 混凝土无损检测——回弹法检测混凝土抗压强度 …………………… (91)

实验八 混凝土无损检测——超声回弹综合检测混凝土强度 ………………… (96)

实验九 钢桁架非破坏静载实验 ………………………………………………… (99)

实验十 预应力空心板鉴定性实验 ……………………………………………… (106)

参考文献 …………………………………………………………………………… (112)

第一部分

结构力学实验指导

实验一　结构力学实验初步认识

主题词：结构力学组合实验装置、测试原理、电路基本原理、实验预习报告、实验报告、注意事项

一、概述

结构力学组合实验装置由加载架、加载设备、实验模型、数据采集分析设备、实验辅助设备等组成。

1. 加载架

加载架的功能是为实验模型、加载装置、实验约束等辅助装置提供安装点，抵抗实验反力。通常采用梁、柱构件搭建，与实验加载、试件支承、试件约束等装置一起可完成对实验对象施加指定类型的荷载，如图 1-1 所示。加载架分类方式很多，如根据加载架传力方式可分为自反力加载架和需与台座等结合的非自反力加载架，根据实验空间类型可分为平面加载架与空间加载架，根据承受荷载的类型可分为单向加载架、双向加载架与多向加载架，根据承载力的大小可分为轻型加载架与重型加载架等。

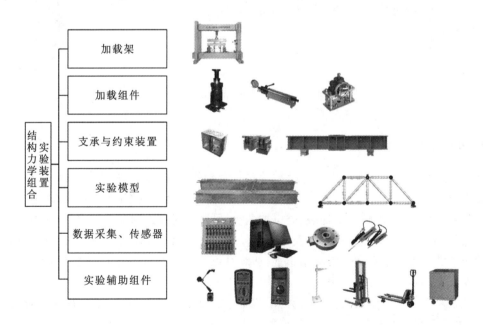

图 1-1　结构力学组合实验装置

以下介绍 YJ-ⅡA 型加载架的功能以及特点(图 1-2)。

(1)结构形式:框架采用门式框架自反力结构,上、下横梁采用 H 型钢梁。上、下横梁及立柱均安装直线导轨,导轨隐藏在型钢内部,导轨上安装可移动的小车,小车上可安装支座、加载油缸等,可同时实现多点、多方向拉压力加载,加载点的数量及方向不限。

(2)整体尺寸:3 500mm×800mm×2 900mm,有效实验空间 2 500mm×1 700mm,梁弯曲支座跨距 500~2 500mm。

(3)承载力:梁跨中最大荷载 50kN。

(4)其他特点:上、下横梁同时兼顾结构力学实验模型的安装和移动。

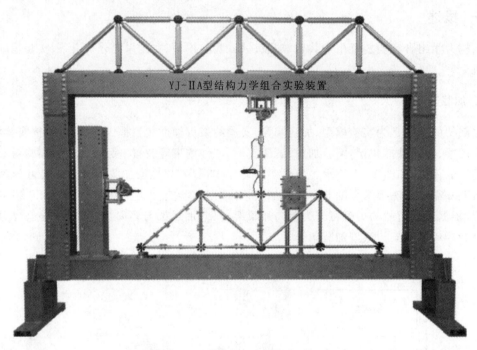

图 1-2　典型 YJ-ⅡA 型加载架

2. 加载装置

加载装置是指实验时给试件施加荷载的执行及控制设备,有多种分类方式,如荷载等级、加载方式、控制方式等均可作为分类准则。可施加的荷载类型有拉压力、弯矩。加载方式有蜗轮蜗杆丝杠拉压加载、液压油缸加载、砝码加载等,可直接对测试对象施加多点、多方向的结点拉压力、杆件横向力及结点力矩。加载装置上设置应变式拉压力传感器,拉力、压力可直接测得。拉压加载装置安装在通用滑动小车上,加载时可与加载点随动,也可固定不动,加载方向根据需要任意确定。

加载装置以液压和电动为主,结构力学实验中主要是以油缸为主,通过后法兰盘与梁、柱连接,比手动千斤顶加载更加稳定、安全,如图 1-3、图 1-4 所示。

图 1-3　液压加载油缸(20t)　　图 1-4　低频电动缸(5kN/5Hz/100mm)

3. 实验模型

实验模型由杆件、结点以及支承与约束装置组成。支承与约束装置是为受试构件提供合适的大小、高度和反力的一类通用型构件和定制构件，主要包括各式滑动、随动小车，支墩、支座、转接板、分配梁等。

1) 杆件的结构形式

大部分实验模型杆件采用薄壁方管，如图 1-5 所示，管两端有安装用的定位孔。杆件有定长杆件与可调杆件两种，杆件上粘贴电阻应变片，并装有接线插座，以方便应变测试及快速接线。

图 1-5　实验模型杆件

电阻应变片的粘贴采用多点对称粘贴的方式，在杆件的中间部位及两端分别对称粘贴电阻应变片，以测量杆件的轴力以及不同位置的弯矩。同一截面处对称应变片的平均值由轴力引起，应变片的差值由弯矩引起。安装时需注意杆件应变片与结构平面的位置关系，尤其是当实验中有不可忽略的弯矩时，应确保应变片能够测得最大应变。

2) 结点的形式

结点是指杆件连接区的简化，理想的结点有铰结点和刚结点两种。铰结点的特点是能传递轴力但不能传递力矩，刚结点的特点是既可传递轴力也能传递力矩。由于结点是对杆件连接区的简化，而简化后的结点是没有大小的，因此导致在对结构结点简化的过程中，不可避免地对杆件进行有误差的简化，即忽略了杆件端部与中间的不同，将它简化为等 EI、等 EA 的直杆，杆件的计算长度也是从结点到结点的距离。

从结点性质的定义可以看出,现实结构中不存在理想的铰结点,但对于较简单的结构存在近似的铰结点,对于多杆相交的结点要实现较理想铰接就变得非常困难了,而且现实中的铰接或多或少地存在刚度,这些都会对实验结果产生较大误差。实际结构中存在理想的刚结点,例如:我们可以把一个杆件简化成中间刚接的两根直杆。

由于理想的铰结点是不存在的,这对我们进行桁架结构的内力传递特点测试带来很大的不便,或者会带来很大的误差。但是结构力学多数情况下是研究杆件小转角情形下结构的力学特性,根据铰结点的定义,若一个机构在微小的转角下只传递了很小的弯矩,但能传递很大的轴力,那么由它与对应杆件组成的结构特性就接近桁架结构的力学特性。

结点采用上、下剖分式的圆盘结构,称为结点盘,上盘为通孔,下盘为螺纹孔。安装时,杆件两端的调整螺栓安装在上、下结点盘的圆槽内,并通过螺栓定位、夹紧。结点盘上与杆件连接的部分称为结点单元,结点单元按功能分为铰结点单元和固结点单元两种。铰结点单元的杆件通过弱连接与结点相连,利用弱连接具有可传递较大轴力但只能传递很小弯矩的力学特性,得到较为理想的铰结点。固结点单元的杆件直接与刚性的结点刚接,既可以传递较大的轴力也可以传递较大的弯矩。结点盘按照结点单元的不同组成类型可分为铰结点盘、固结点盘及组合结点盘。各种结点盘结构如图1-6、图1-7、图1-8所示。

 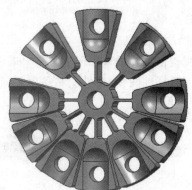

(a) 30°、60°结点盘　　　　　(b) 30°、45°、60°结点盘

图1-6　铰结点盘

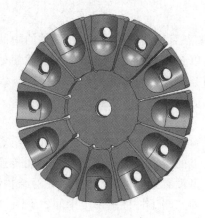

图1-7　固结点盘

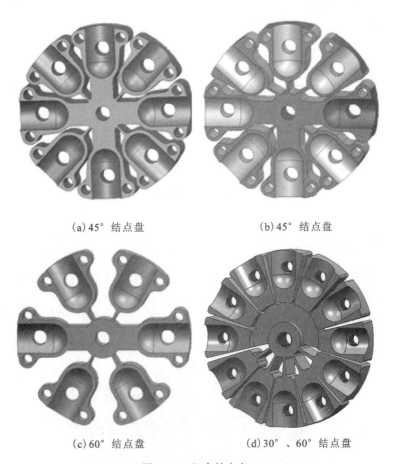

(a) 45°结点盘　　　　　　　　(b) 45°结点盘

(c) 60°结点盘　　　　　　　　(d) 30°、60°结点盘

图 1-8　组合结点盘

3)支座的结构形式

支座安装在通用滑动小车上,可沿周边滑动轨道灵活滑动,通过随车锁紧装置实现滑动与**固定转换**,支座与模型之间通过支座结点盘相连接,支座结点盘的性质决定支座的固接与铰接。如图 1-9 所示为固定支座的一种实现方式,加载小车的固定与否取决于支座的滑动与固定。图 1-10 为支座与加载小车的连接。

图 1-9　支座固结点连接示意图　　图 1-10　支座与加载小车连接示意图

这样就可方便得到可动铰支座、固定铰支座、定向支座、固定支座等不同类型的支座,且可方便转换。可完成的支座种类如图1-11所示。

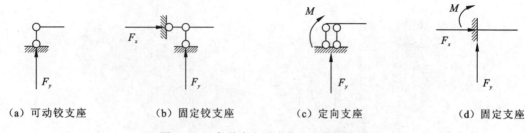

图1-11 各种支座形式的理论简化模型

4. 数据测试与分析系统

该套实验设备的数据采集与分析主要由采集分析系统、力传感器、位移传感器、应变片以及一些固定装置组成,接下来依次进行介绍。

1) 静态数据采集分析系统(图1-12)

图1-12 静态数据采集分析系统

(1)实验功能:用于实验过程中拉压力、位移、静态应变、支座反力等的测量。

(2)结构形式:电源箱、采集箱一体式。

(3)技术参数:20CH。

(4)技术特点:手动测量时,大面积LED数码管显示通道号和应变值。

(5)连接测试线路、设置测试参数及测试窗口:所使用的3815N静态采集设备,停止采样后重新采样时,并不覆盖原来的数据,而是连接在原来数据的后面,这样就为一个实验多次采集数据提供了方便。由于结构力学实验测试点较多,读数时往往采用历史曲线与数据表格联合读数的方式,在历史曲线中单击右键,选择"显示拆分""数据同步""单光标",此时移动历史曲线中的光标,实时曲线及数据表格中的数据就会与历史曲线的光标数据同步。读数时,可以通过历史曲线左侧的读数窗口、表格数据、实时曲线的光标数据中的任一方式读取实验数据。

2)拉压力传感器(图 1-13)

(1)实验功能:结构试验中测量试验荷载。

(2)结构形式:轮辐式。

(3)技术参数:量程 200/300/500kN,线性度 0.05%。

(4)技术特点:精度高,线性度好。

图 1-13　拉压力传感器(BK-4-200/300/500kN)

3)位移传感器(图 1-14)

(1)实验功能:结构试验中测量挠度、位移。

(2)结构形式:应变式。

(3)技术参数:量程±25/50/100mm,精度等级 0.1 级。

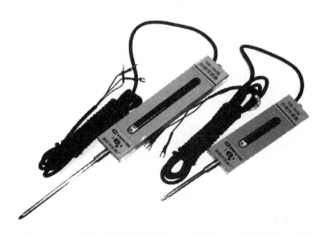

图 1-14　位移传感器(YHD-50/YHD-100/YHD-200)

4)应变片

(1)应变片构造:应变片有很多种类,常用的应变片是在称为基底的塑料薄膜(15～16μm)上贴上由薄金属箔材制成的敏感栅(3～6μm),然后再覆盖上一层薄膜做成叠层构造,如图 1-15 所示。

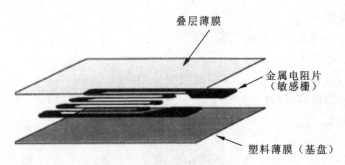

图 1-15 应变片构造示意图

(2)应变片原理:将应变片贴在被测定物上,使它随着被测定物的变形一起伸缩,这样里面的金属箔材就随着应变伸长或缩短。很多金属在机械性地伸长或缩短时其电阻会随之变化,应变片就是利用这个原理,通过测量电阻的变化而对应变进行测定。一般应变片的敏感栅使用的是铜铬合金,其电阻变化率为常数,与应变成正比例关系。即

$$\frac{\Delta R}{R}=k\varepsilon \tag{1-1}$$

式中,R——应变片原电阻值,Ω;

ΔR——伸长或压缩所引起的电阻变化,Ω;

k——比例常数(应变片常数);

ε——应变。

不同的金属材料有不同的比例常数 k,例如铜铬合金的 k 值约为 2。这样,应变的测量就通过应变片转换为对电阻变化的测量。

二、实验目的

(1)了解结构力学组合实验装置的组成。
(2)了解杆件轴力、弯矩测试原理。
(3)了解桥接电路基本原理。
(4)了解实验前预习要求和注意事项。

三、实验原理

1. 杆件轴力、弯矩测试原理

杆件结构实验的目的在于研究不同杆件结构在给定荷载下的内力分布,实验流程为设计实验结构类型→确定加载方式→分析内力分布→确定实验方案→加载测试→根据测试结果设计新的结构形式或加载方案,如此循环。结构力学实验的最终结果是要将实测值与理论值相比较,对杆件结构实验而言,通常两者比较的数值为轴力、弯矩及结点位移。在实际测试时,为不影响结构的力学特性,杆件轴力、弯矩的测试通常采用杆件测试法,具体测试方法如下。

实验前,在杆件的中性轴两侧以及上、下边缘对称粘贴电阻应变片,由于实验杆件为平面应力状态,粘贴应变片时使应变片处于对杆件弯矩敏感的方向,应确保应变片能够测得最大应

变,这样中性轴两侧的应变就为由轴力引起的应变与由弯矩引起的应变的叠加。由测得的关于中性轴对称的两点应变 ε_1 和 ε_2,可得该杆件的轴力为

$$F_N = EA \frac{\varepsilon_1 + \varepsilon_2}{2} \tag{1-2}$$

由同一截面上、下边缘处的两点应变 ε_1 和 ε_2,可得该杆件截面弯曲产生的最大正应力为

$$\sigma = E \frac{\varepsilon_1 - \varepsilon_2}{2} \tag{1-3}$$

该截面弯矩的大小为

$$M = \frac{\sigma}{W_z} = \frac{E(\varepsilon_1 - \varepsilon_2)}{2W_z} \tag{1-4}$$

实验中常用杆件的基本参数:圆形截面杆件材料为 Q235,弹性模量为 210GPa,外径为 22mm,内径为 20mm;矩环截面杆件材料为 Q235,弹性模量为 210GPa,宽 20mm,壁厚 1mm。

2. 桥接电路基本原理

电桥是用比较法测量物理量的电磁学基本测量仪器。电桥的种类很多,测量中等阻值 ($10 \sim 10^6 \Omega$)的电阻用惠斯登电桥进行测量,电阻应变仪的核心元件是惠斯登电桥;若要测量更大阻值的电阻,一般采用高电阻电桥或兆欧表;而要测量阻值较小的电阻,一般采用双臂电桥(开尔文电桥)。以下对惠斯登电桥进行简单介绍。

1)惠斯登电桥

惠斯登电桥(又称单臂电桥)是一种可以精确测量电阻的仪器。图 1-16 所示是一个通用的惠斯登电桥。电阻 R_1、R_2、R_0、R_x 叫做电桥的 4 个臂,G 为检流计,用以检查它所在的支路有无电流。当 G 无电流通过时,称电桥达到平衡。平衡时,4 个臂的阻值满足一个简单的关系,利用这一关系就可测量电阻。

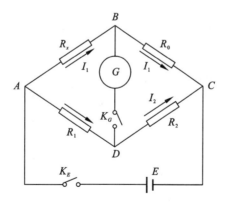

图 1-16 通用惠斯登电桥

2)全桥、半桥、1/4 桥电路原理

通常应变片感受应变变化的同时也感受温度变化,也称为测量片。如图 1-17(a)所示,AB、BC、AD、DC 为桥接电路的 4 个桥臂,每一个桥臂上可以分别接上一个应变片 R_1、R_2、R_3、R_4,4 个桥臂均为应变片的电桥称为全桥。使用 2 个标准电阻代替测量片,将图 1-17(a)中的 R_3 和 R_4 用标准电阻 R 代替,如图 1-17(b)所示,此时的测量电桥称为半桥。若应变片不受

应变变化影响，仅受温度变化的影响，称为温度补偿片 R_t。将半桥中的 R_2 用温度补偿应变片 R_t 代替，则这时的测量电桥称为 1/4 桥，如图 1-17(c)所示。

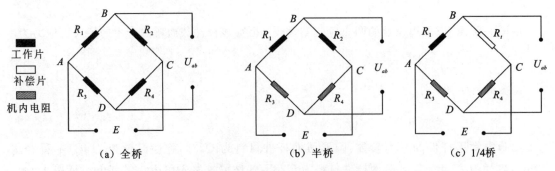

图 1-17 全桥、半桥、1/4 桥电路原理图

　　电阻变化值主要由两部分组成：一是应变变化引起的分量，二是温度变化引起的分量。在用电桥测试时由温度引起的阻值变化是需要消除的。最简单的方法便是将两个同批号的应变片组成电桥的相邻桥臂，因为同批号的应变片通常具有相同的温度系数，它们连接到相邻桥臂时，电桥输出将不含温度输出。

　　半桥或全桥测量时不含温度输出，因为只要等臂电桥的 4 个（或半桥的 2 个）应变片性能相同，所处的环境也相同，则温度应变 Δt 应相同，温度应变自然消去。而在 1/4 桥电路中，只有一个测量片，无法消除温度应变，但是在复杂环境下或者精度要求较高的实验中，去除温度的影响必不可少，所以需另外加入温度补偿片以消除温度应变的影响。为了达到既能进行温度补偿，又能节约应变片的目的，常使用半桥单片测量的方法，其中的一个应变片不受应变变化的影响而仅受温度变化的影响，起到温度补偿片的作用。当测量点较多时，一个温度补偿片可同时补偿多个测量片，如图 1-18 所示。

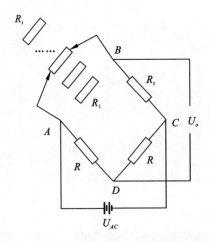

图 1-18 多点测量温度补偿片连接示意图

四、实验预习及实验报告

在了解实验原理、实验方案及实验设备操作后,应该完成思考题进行实验预习。预习的主要目的是明确相关概念、预估杆件的最大载荷、明确操作步骤等。在完成思考题时,有些条件实验指导书已给出(包括后续的试验操作步骤简介),有些条件为已知条件,有些条件则需要查找相关标准或参考资料。思考题的完成将有利于正确理解及顺利完成实验。

有条件的同学可以利用多媒体教学课件,分析以往的实验数据、观看实验过程等。完成思考题,并获得辅导教师的认可,是进行正式实验操作的先决条件。实验过程中应认真记录实验现象及实验数据,实验结束后及时完成实验报告。

五、实验注意事项

(1)在安装铰结点盘时,应将结点盘及保护罩一起安装,待结点盘和杆件之间的螺栓拧紧以后再将保护罩取下。

(2)安装杆件之前,首先要对可调杆件进行定长,将杆件端部的备紧螺栓拧紧。

(3)已贴好应变片的杆件,在安装时要注意应变片与框架平面的关系。

(4)加载过程中,不宜加载过快,利用砝码加载时应轻拿轻放,保证测试数据的平稳。

(5)在利用加载小车加载时,应注意支座中心、加载杆件及加载点共线,避免拉压过程中产生荷载偏心。加载速度要适中,不要在转动加载手轮时增加多余的侧向力,以免影响实验数据。

(6)在加载之前一定要对框架最大承载力做到心中有数,以防盲目加载导致杆件或结点破坏。

实验二　结点性质的对比实验

主题词：铰结点、刚结点、组合结点、二力杆、梁式杆

一、概述

杆件结构根据其结点的性质通常分为桁架、刚架和组合结构。桁架所有的结点均为铰结点，刚架结点全部或部分为刚结点。组合结构是由二力杆和梁式杆组合在一起形成的结构，其中含有组合结点。不同结构的力学特性不同，准确判定结构性质是分析结构力学特性的前提，而准确判断结点性质又是分析结构性质的关键。

二、实验目的

(1)掌握杆件内力测试的基本原理，了解应变测试基本技术。
(2)了解不同性质结点的力学特性。
(3)掌握杆件结构荷载的施加方法。

三、实验原理

桁架、刚架、组合结构的本质区别在于结点性质的不同，结点的类型可分为铰结点、刚结点以及组合结点 3 种，这就意味着在实验时只要结点的性质可变，就可以方便地得到杆件相同而结构性质不同的结构模型。

门式刚架和门式排架是工业厂房常用的结构形式，门式刚架和门式排架模型如图 1-19 所示。门式刚架结构在水平荷载作用下的计算简图和内力图如图 1-20 所示。门式排架结构在水平荷载作用下的计算简图和内力图如图 1-21 所示。

(a)门式刚架模型图　　　　(b)门式排架模型图

图 1-19　门式刚架和门式排架模型图

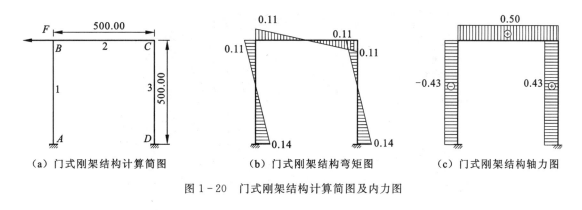

图 1-20　门式刚架结构计算简图及内力图

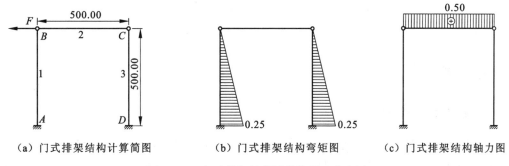

图 1-21　门式排架结构计算简图及内力图

图 1-20 和图 1-21 中两结构的区别在于结点性质存在差异,图 1-20 中均为刚结点,图 1-21 中 B、C 为铰结点,正是由于两个结点的差异导致两类结构内力的分布截然不同。利用结构力学求解器可直接得到相应实验模型的理论弯矩图和轴力图,如图 1-20(b)、(c)及图 1-21(b)、(c)所示。对比其内力图,可以看出结点性质的差异会对结构内力产生重要的影响。

结构力学实验的最终目的是要将实测值与理论值相比较,两者比较的内容为轴力、弯矩及结点位移。在实验中我们可以测得结点位移及杆件上某一点的应变,但无法直接得到杆件上的轴力及弯矩。通过在杆件同一截面对称粘贴电阻应变片的方法,经计算分析可测得该截面的轴力及弯矩(详见实验一)。在忽略剪力影响的情况下,实测应变的平均值由轴力引起,应变的差值由弯矩引起。通过分析测点应力,可以得到杆件内力的分布,根据其内力分布规律可以得到结构在对应荷载作用下的内力图,对比内力图可看出结点性质的差异对结构内力分布的影响。

测点布置:根据内力分布的特点,在不同杆件的不同位置粘贴应变片测定弯矩和轴力,在同一杆件同一截面的中性轴以及上、下边缘粘贴应变片,通过测点的应变值,反算测点的内力值。据此实验可知,通过观测点应变的不同变化,可对比分析结点性质对结构内力的影响。

支座形式为固定支座的门式刚架如图 1-22(a)所示,实际工程中也经常看到图 1-22(b)所示的门式刚架,其支座部分按铰支座设计。铰支座门式刚架柱的弯矩呈三角形分布,某些工业厂房中的柱子采用上粗下细的变截面柱正是基于上述原理。

(a)固定支座门式刚架（等截面柱）　(b)铰支座门式刚架（变截面柱）

图 1-22　门式刚架在工程中的实际应用图片

四、实验方案

1. 实验装置及测量工具

实验装置及测量工具包括多功能结构力学组合实验装置、卷尺、150mm 游标卡尺等。

多功能结构力学组合实验装置由机架和数据采集分析系统两部分组成，加载部分由加载机构及相应的传感器组成，完成对实验结构的加载，并将被测物理量转化为电参数。数据采集系统由应变仪及相应软件组成，主要完成数据的采集、分析等。

2. 结构模型的组装与加载方案

安装好的结构模型如图 1-23 所示，门式框架安装在下横梁的导轨上，加载装置安装在左、右立柱上，当顺时针转动加载小车手柄时，蜗轮蜗杆向左运动，便可以对结构模型施加一个向左的水平荷载，而当逆时针旋转加载小车手柄时，蜗轮蜗杆向右运动，便可以对结构模型施加一向右的水平荷载。

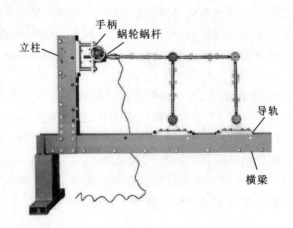

图 1-23　门式刚架水平加载测试图

3. 数据测试方案

结构所受的荷载通过安装在加载杆件端部的拉压力传感器测量,结构的内力通过粘贴在杆件上的应变片测量,结构的变形通过安装在结点位置的位移传感器测量。

4. 数据的分析处理

实验前利用结构力学求解器求得实验模型在预设荷载下的内力,并据此算出粘贴应变片位置处的应力,得出其应变值,以便实验过程中校核实验数据的准确性。同时实验过程中数据采集分析系统能够实时记录所施加的荷载及杆件应变,实验完成后利用数据分析软件的相关功能可以方便读取实验数据,得到力与应变的关系曲线,然后依据实验原理验证实验数据的正确性,得出相应结论。

五、实验步骤

1. 测量、收集原始参数,调整杆的安装尺寸

(1)确定刚架和排架的设计参数,收集实验相关的原始参数,包括杆件的截面尺寸、杆长、弹性模量等,填入相应的计算表格。当采用可调杆件时,应注意调整可调杆件两固定孔的长度至设计值。

(2)确定荷载传感器、位移传感器的灵敏度系数及电阻应变片的阻值、灵敏度系数、导线电阻等,确定应变的测试位置。

2. 安装实验模型及加载装置

首先将所需杆件准备齐全,当用到了可调杆件时,要将杆件长度调整至设计值,并拧紧端部的备紧螺丝。然后在地面或桌面上将结构的上部杆件按照实验要求组装成型,调整各个支座至安装位置。将组装好的上部杆件结构安装在支座的相应位置,调整加载装置至合适位置,依次连接好测力传感器、转接杆件,通过调整减速机传动杆的位置使得转换杆件连接在加载点结点盘上。需要注意的是,在安装杆件时应注意已贴好的应变片与框架平面的关系。另外为方便实验过程中不同实验数据间的比较,可依次完成排架实验、固支座门式刚架实验、铰支座门式刚架实验。

3. 连接测试线路、设置测试参数及测试窗口

具体操作详见实验一。

4. 预加载

在进行正式实验之前,首先要进行预加载,以确保实验设备和数据采集分析系统均能正常工作。一般取预估载荷的10%作为预加载荷,观察、分析实验数据,检查试验装置、仪表是否工作正常,然后卸载。如有问题,要把发现的问题及时解决、排除。

5. 加载测试

在正式加载之前先平衡测点,再启动采样,接下来分级加载,得到所需要的测试数据。在加载过程中,注意控制加载速度及最大荷载,应保证杆件的最大应变不超过 $800\mu\varepsilon$。得到正确的 3 组数据后,方可停止加载。试件恢复到非受力状态时,停止采集数据,这样就完成了实验的加载测试过程。

将排架模型中的 B、C 结点换成刚结点,按上述步骤完成固定支座门式刚架实验。完成固定支座门式刚架实验以后,再将支座结点换成铰结点,按上述步骤完成铰支座门式刚架实验。

6. 实验数据整理与分析

(1)绘制荷载-应变曲线,以观测数据的线性及重复性。数据应为线性且有较好的重复性。

(2)根据测得杆件不同位置的应变值,结合实验杆件原始参数,可以画出结构的内力分布图。对比分析实测内力图与理论计算内力图,得到内力差值,分析查找差值形成的原因。

(3)对比分析杆件几何尺寸相同,但结点或约束方式不同的结构形式,在相同荷载作用下内力分布的差异,体会结点或支座性质的不同对结构内力的影响,以达到准确理解不同类型结点力学特性差异的目的。

六、思考题

题目 1. 绘制如图 1-24(a)和图 1-25(a)所示的杆件长度为 500mm 的固定支座门式刚架及排架结构在单位水平荷载作用下的内力图。

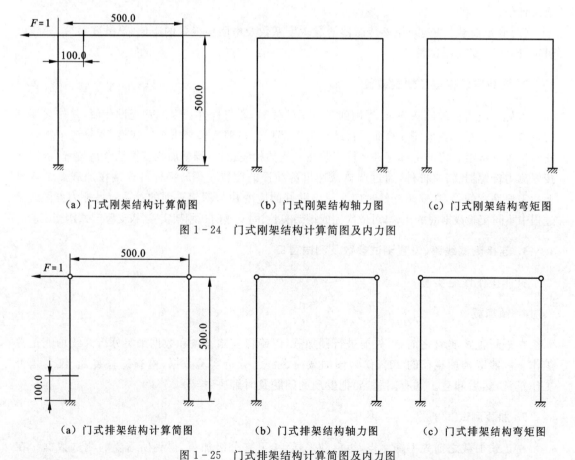

(a)门式刚架结构计算简图　　(b)门式刚架结构轴力图　　(c)门式刚架结构弯矩图

图 1-24　门式刚架结构计算简图及内力图

(a)门式排架结构计算简图　　(b)门式排架结构轴力图　　(c)门式排架结构弯矩图

图 1-25　门式排架结构计算简图及内力图

题目 2. 在如图 1-24 和 1-25 所示的结构中,已知杆件的外径 $D=22$mm,内径 $d=20$mm,材料的弹性模量 $E=210$GPa,在距离结点 100mm 的截面沿弯矩敏感方向对称粘贴电阻应变片(A、B 两片),试求在单位水平荷载作用下两片应变片的应变(需分别计算由轴力和弯矩产生的应变)。

题目 3. 计算上述两种模型在杆件的最大应力不大于 200MPa 的情况下所能承受的结点最大水平荷载及此时的结点位移,并计算在此荷载下题目 2 中指定位置两片应变片的应变。

题目 4. 该实验的主要目的是区别不同结点的力学性质,除本书给出的实验模型外,如果能够设计出更典型的实验方案,请画出实验方案的计算简图及内力图。

实验报告 结点性质的对比实验报告

一、实验目的

二、实验设备（需填写型号及编号）

三、相关测试参数

相关测试参数包括杆件、传感器、应变片的相关参数，并将它们分类，填写表 1-1。

表 1-1 测试参数表

类别								
项目								
参数								

四、实验模型及测点布置

(1) 根据实验要求，给模型简图 [图 1-27(a)] 中指定结点位置选择合适的结点盘，结点盘形式如图 1-26 所示。将选择结果填入结点盘选配表（表 1-2）中，需通过旋转角度说明结点盘的安装方向。

表 1-2 结点盘选配表

使用部位	1	2	3	4
结点类型				
旋转角度				

图 1-26 结点盘形式

(2)在结构模型图中绘出测点布置位置(图1-27),对测点进行编号,并说明所选杆件的特点。

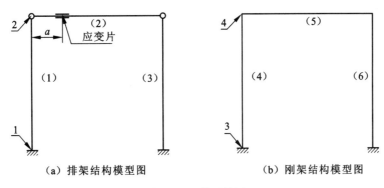

(a)排架结构模型图　　　　　(b)刚架结构模型图

图 1-27　模型简图

五、典型杆件实测实验数据及误差分析

记录实验过程中的读取数据,填写表1-3,并计算弯矩和轴力。

表1-3　实验数据统计表

测点编号		A片(CH)	B片(CH)	A片(CH)	B片(CH)	A片(CH)	B片(CH)	A片(CH)	B片(CH)
P/kN	ΔP/kN								
ε/kN									
实测弯矩									
实测轴力									
理想模型弯矩									
理想模型轴力									
误差/%	弯矩								
	轴力								

注:弯矩的单位为N·m,轴力的单位为kN。

六、总结与分析

根据实测数据总结不同类型结点盘的力学特性,并与理想数据比较,分析误差来源。

七、实验中遇到的问题及解决办法

姓　　名：　　　　　　　　　　班　级：
小组成员：　　　　　　　　　　指导教师：
实验日期：　　　　　　　　　　报告日期：
数据文件名称及保存地址：
实验成绩：

实验三　典型桁架结构静载实验

主题词：铰结点、桁架、二力杆、零杆、固定铰支座、滑动铰支座

一、概述

桁架是指杆件由直杆组成，所有的结点均为铰结点的杆件结构。当荷载作用于结点上时，各杆内力主要为轴向拉力或压力，截面上的应力基本均匀分布，可以充分发挥材料的作用。桁架杆件的抗弯能力较弱，因此适合应用于结点荷载的结构。根据铰结点的定义，实际工程中理想的桁架是不存在的，但人们还是习惯把一些结点性质类似铰结点或力学特性与桁架杆件相似的，荷载类型为结点荷载的结构称为桁架，如钢屋架、刚架桥梁、输电线路铁塔、塔式起重机机架等。

二、实验目的

(1) 掌握理想桁架结构在结点荷载作用下的内力传递规律，认识零杆。
(2) 了解铰结点并掌握铰结点的原理及合理使用方式。
(3) 掌握固定铰支座、可动铰支座的实现方法。

三、实验原理

桁架中所有的结点均为铰结点，理想铰结点只能传递轴力，而不能传递弯矩。由于理想铰结点是不存在的，因此理想的桁架模型也就是不存在的。但若根据桁架结构的荷载特点，在杆件受力产生微小转角时，结点只传递很小的弯矩，那么此时结构的力学特性就接近理想桁架结构的力学特性。

梯形桁架是工程中常用的结构形式，简支的刚架桥、钢屋架多采用梯形桁架。桁架的一个支座为固定铰支座，一个为可动铰支座，梯形桁架多采用跨距与层高相等的形式。典型四跨梯形桁架在中间结点施加竖向荷载时计算简图及轴力图如图1-28、图1-29所示，桁架结构结点不传递弯矩，因此仅施加结点集中力时，桁架结构的杆件不承受弯矩，不必绘制弯矩图。

从图1-29可以看出四跨梯形桁架结构按图1-28的方式施加竖向对称荷载时，桁架结构的内力传递有明显的对称性，且对称轴上的竖腹杆为零杆。不同部位的杆件内力不同，且有明显差异。根据该结构的受力特点，实验时选择测量典型杆件的内力来验证上述内力传递规律。

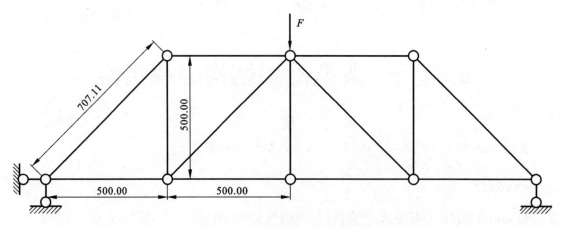

图 1-28 四跨梯形桁架计算简图

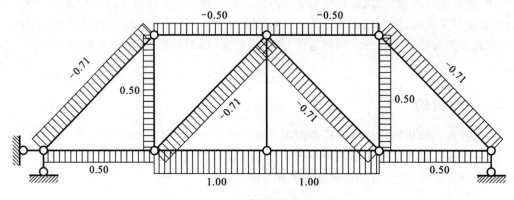

图 1-29 四跨梯形桁架轴力图

四、实验方案

1. 实验装置及测量工具

实验装置及测量工具包括多功能结构力学组合实验装置、卷尺、150mm 游标卡尺等。

多功能结构力学组合实验装置由机架和数据采集分析系统两部分组成,加载部分由加载机构及相应的传感器组成,完成对实验结构的加载,并将被测物理量转化为电参量。数据采集系统由应变仪及相应软件组成,主要完成实验数据的采集、分析等。

2. 结构模型的组装与加载方案

梯形桁架结构模型如图 1-30 所示,将组装好的模型安装在多功能结构力学组合实验装置的机架上。下横梁上装有支墩,支墩上安装有正交铰支座,梯形钢桁架安装在正交铰支座上,加载油缸安装在上横梁上,通过手动泵结合安装在手动泵上的换向阀可以使油缸活塞杆上下运动,从而对钢桁架进行加载、卸载,实验时采用多组分级加载的方式进行加载。

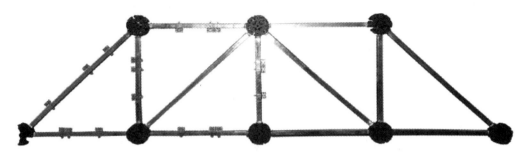

图 1-30 梯形桁架结构模型图

加载方案有以下两种：
(1)在中间结点施加竖向压荷载，测量杆件内力，认识零杆。
(2)在两侧结点施加竖向压荷载，测量杆件内力。
去掉零杆，重复进行上述两种加载方案，分析零杆的力学及结构作用。

3. 数据测试方案

结构所受的荷载通过安装在加载杆件端部的拉压力传感器测量，结构的内力通过粘贴在杆件上的应变片测量，结构的变形通过安装在结点位置的位移传感器测量。

4. 实验模型的分析处理

实验前利用结构力学求解器求得实验模型在预设荷载下的内力，并据此算出粘贴应变片位置处的应力，得出其应变值，以便实验过程中校核实验数据的准确性。同时实验过程中数据采集分析系统能够实时记录所施加的荷载及杆件应变，实验完成后利用数据分析软件的相关功能可以方便读取实验数据，得到力与应变的关系曲线，然后依据实验原理验证实验数据的正确性，得出相应结论。

五、实验步骤

1. 测量、收集原始参数，调整杆的安装尺寸

(1)选择实验数据精度较高的杆件，收集实验相关的原始参数，包括杆件的截面尺寸、杆长、弹性模量等。当采用可调杆件时，应注意调整可调杆件两个固定孔的长度至设计值。
(2)确定荷载传感器、位移传感器的灵敏度系数及电阻应变片的阻值、灵敏度系数、导线电阻等，确定应变的测试位置。

2. 安装实验模型及加载装置

首先将所需杆件准备齐全，当用到了可调杆件时，要将杆件长度调整至设计值，并拧紧端部的备紧螺丝。然后在地面或桌面上，将结构的上部杆件按照实验要求组装成型，调整各个支座至安装位置。将组装好的上部杆件结构安装在支座的相应位置，调整左侧立柱上的加载装置至合适位置，依次连接好测力传感器、转接杆件，通过调整减速机传动杆的位置使得转换杆件连接在加载点结点盘上。需要注意的是,在安装杆件时应注意已贴好的应变片与框架平面的关系。

3. 连接测试线路、设置测试参数及测试窗口

具体操作详见实验一。

4. 预加载

在进行正式实验之前,首先要进行预加载,以确保实验设备和数据采集分析系统均能正常工作。一般取预估荷载的10%作为预加荷载,观察、分析实验数据,检查试验装置、仪表是否工作正常,然后卸载。如有问题,要把发现的问题及时解决、排除。

5. 加载测试

(1)在正式加载之前先平衡测点,再启动采样,接下来分级加载,得到所需要的测试数据。在中间结点施加竖向荷载,测量杆件内力。在加载过程中,注意控制加载速度及最大荷载,应保证杆件的最大应变不超过$800\mu\varepsilon$。得到正确的3组数据后,方可停止加载。试件恢复到非受力状态时,停止采集数据,这样就完成了实验的加载测试过程。

(2)在两侧结点施加竖向荷载,测量杆件内力,加载过程同上。

(3)去掉零杆,重复进行上述两种加载过程。

6. 实验数据整理与分析

(1)绘制荷载-应变曲线,以观测数据的线性及重复性。数据应为线性且有较好的重复性。

(2)根据测得杆件不同位置的应变值,结合实验杆件原始参数,可以画出结构的内力分布图。对比分析实测内力图与理论计算内力图,得到内力差值,分析查找差值形成的原因。

(3)对比分析不同位置加载内力分布的差异,体会改变加载位置对结构内力的影响,以达到理解桁架结构内力传递的规律。

六、思考题

题目1.绘制图1-31(a)所示梯形桁架结构在单位竖向荷载作用下的轴力图。

题目2.在图1-31(a)所示的结构中,已知杆件的外径$D=22mm$,内径$d=20mm$,材料的弹性模量$E=210GPa$,在距离任意结点100mm的截面沿弯矩敏感方向对称粘贴电阻应变片(A、B两片),试求在单位竖向荷载作用下图1-31(b)中拉力最大杆两片应变片的应变与压力最大杆两片应变片的应变。

题目3.根据题目2计算的结果,在保证杆件最大应力不大于200MPa,且压杆不失稳的情况下,估算该结构所能承受最大荷载及下弦杆中间结点的最大位移,并计算在此荷载下题目2中指定位置两片应变片的应变。

题目4.该实验的主要目的是了解标准桁架结构的力学性质,除实验指导书给出的实验模型外,如果能设计出更典型的实验方案,请画出实验方案的计算简图及内力图。

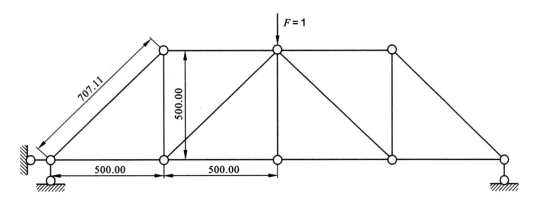

(a)梯形桁架计算简图

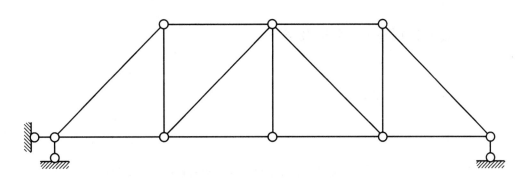

(b)单位竖向荷载作用下梯形桁架轴力图

图 1-31 梯形桁架计算简图及轴力图

实验报告 典型桁架结构静载实验报告

一、实验目的

二、实验设备(需填写型号及编号)

三、相关测试参数

相关测试参数包括杆件、传感器、应变片的相关参数,并将它们分类,填写表 1-4。

表 1-4 测试参数表

类别										
项目										
参数										

四、实验模型及测点布置

(1)根据实验要求,给模型简图(图 1-33)指定结点位置选择合适的结点盘,结点盘形式如图 1-32 所示。将选择结果填入结点盘选配表(表 1-5)中,需通过旋转角度说明结点盘的安装方向。

表 1-5 结点盘选配表

使用部位	1	2	3	4
结点类型				
旋转角度				

A　　B　　C　　D

图 1-32 结点盘形式

(2)在模型简图(图1-33)中绘出测点布置位置,对测点进行编号,并说明测点布置依据及所选杆件的受力特点。

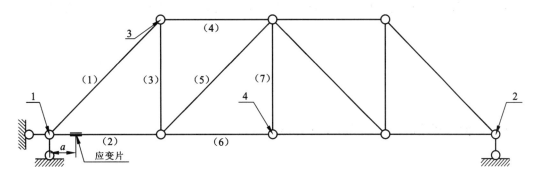

图1-33 梯形桁架模型简图

五、典型杆件实测实验数据及误差分析

记录实验过程中读取数据,填写表1-6,并计算弯矩和轴力。

表1-6 实验数据统计表

测点编号									
P/kN	ΔP/kN	A片(CH)	B片(CH)	A片(CH)	B片(CH)	A片(CH)	B片(CH)	A片(CH)	B片(CH)
ε/kN									
实测弯矩									
实测轴力									
理想模型弯矩									
理想模型轴力									
误差/%	弯矩								
	轴力								

注:弯矩的单位为 N·m,轴力的单位为 kN。

六、总结与分析

根据实测数据总结实验模型与理想桁架的差异,试分析其设计上的优点和不足之处。

七、实验中遇到的问题及解决办法

姓　　名：　　　　　　　　　班　级：
小组成员：　　　　　　　　　指导教师：
实验日期：　　　　　　　　　报告日期：
数据文件名称及保存地址：
实验成绩：

实验四　焊接钢桁架结构静载实验

主题词：焊接钢架、刚架、钢桁架、刚结点、次应力

一、概述

焊接钢架是工程中常用的结构形式,其杆件一般为角钢,在同等用钢量的情况下角钢有利于提高杆件的抗压稳定性。焊接钢架在杆件交会的地方设有连接板,杆件与连接板之间多采用满焊的方式,因此焊接钢架的结点既可传递轴力也可传递弯矩,可简化成刚结点,从结构力学对结构定义的本身出发,焊接钢架可谓典型的刚架。但在实际工程中,焊接钢架杆件承受弯矩的能力往往远小于承受轴力的能力,多用于只承受结点荷载的场合,此时其内力与桁架内力相差很小,因此,习惯上把本是典型刚架的焊接钢架称之为"钢桁架"。

由于钢桁架具有刚架的特点,因此随着施加荷载的不同,在杆件上总会出现或多或少的由弯矩引起的应力,当人们把焊接钢架当成桁架来分析时,忽略了由弯矩引起的应力,通常弯矩引起的应力相对于轴力引起的应力比较小,称之为"次应力"。

二、实验目的

(1)测试焊接钢架在常规荷载作用下的轴力和弯矩,了解称它为钢桁架的原因。
(2)了解工程结构测试中型钢杆件应变片的布置方式。
(3)了解结构实验中固定铰支座与可动铰支座的实现方法及布置准则。

三、实验原理

实际桁架的受力情况是比较复杂的,在理论计算中一般只是抓住主要矛盾,对实际桁架作必要的简化。通常在桁架的内力计算中采用下列假定:①桁架的结点都是光滑的铰结点;②各杆的轴线都是直线并通过铰的中心;③荷载和支座反力都作用在结点上。

这里我们以焊接钢屋架为例,来比较一下实际桁架和理想桁架的差别。首先,结点域的连接方式和理想铰接的假定是不一致的,焊接钢架的结点既可传递轴力也可传递弯矩,更接近于理想的刚接形式;其次,上、下弦杆在结点处是连续不断的,而理想的桁架杆件在结点处是断开的。虽然理想桁架和实际桁架有明显差别,但前人的科学实验和工程实践证明,结点刚性等因素对桁架内力的影响一般来说是次要的。一般规定,按照上述假定计算得到的桁架内力称为主内力,由于实际情况与上述假定不同而产生的附加内力称为次内力。

焊接钢桁架计算简图如图 1-34 所示,使用结构力学求解器计算焊接钢架的轴力图如图 1-35 所示,将刚结点改为铰结点得到的轴力图如实验三中图 1-29 所示。对比轴力图 1-35 和图 1-29 可以看出,由于将刚结点改为理想铰结点导致各杆件的轴力大小出现了不同程度

的变化,各杆件轴力的变化幅度均小于其轴力值的 2%。在理想铰接情况下中间的竖杆为零杆,而刚结点情况下零杆有了很小的轴力。原来的零杆为什么不再是零杆了呢?这是由于刚结点使杆件中产生了剪力造成的,但剪力分量相对较小,且在计算杆件的应力时贡献很小,这里我们就不再考虑剪力对应力的影响,所以在此未给出结构的剪力图。

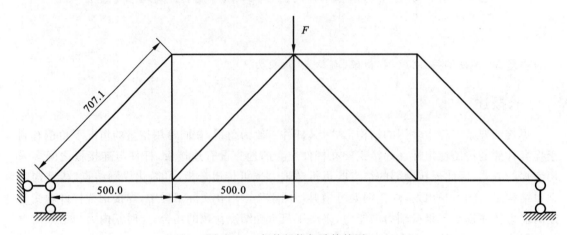

图 1-34 焊接钢桁架计算简图

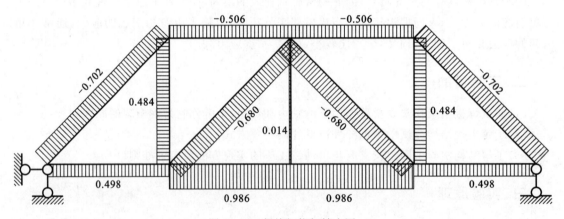

图 1-35 焊接钢桁架轴力图

图 1-36 为焊接钢桁架的弯矩图,从图中可以看出在焊接钢桁架内存在一定大小的弯矩,这部分弯矩就是所谓的次内力,由次内力产生的应力称之为次应力,次应力究竟在总的应力中占多大比重呢?可以选择一个次内力最大的位置进行分析。由双 40 号等边角钢焊接的钢桁架在如图 1-34 所示单位荷载作用下(这里以 N 为单位),上弦杆的加载点附近次内力(弯矩)最大,而主内力(轴力)相对较小。这是一个次内力影响最为显著的位置,我们就以该位置为例进行分析。

$$\sigma_{主} = \frac{N}{A} = \frac{-0.506}{617.2} = -8.2 \times 10^{-4} (\text{MPa}) \tag{1-5}$$

$$\sigma_{次} = \frac{M}{I_x} y = \frac{0.0036 \times 1000}{92\,000} \times 11.3 = 4.4 \times 10^{-4} (\text{MPa}) \tag{1-6}$$

由此可见,在次内力影响最显著的位置,由次内力产生的次应力仅是主内力产生应力的一半左右,同时考虑到弯矩在结构内部是线性分布,从弯矩图中也可以看出弯矩会很快减小到一个较低的水平,所以说弯矩次内力影响显著的区域会非常小。

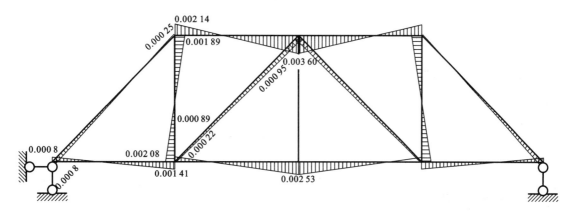

图 1-36 焊接钢桁架弯矩图

通过以上分析可以看出,实际的桁架和理想桁架相比,在同样的荷载和支撑边界条件下会产生次内力,但这些次内力引起结构的应力通常比较小。所以人们习惯把一些结点性质类似的铰结点或力学特性与桁架相似的,荷载类型为结点荷载的结构称为桁架,并将桁架的力学性质作为结构计算或设计的依据。钢桁架实验就是为了验证这种选择依据的可靠性,解答很多同学对工程中的桁架并非理想桁架,但设计时依然采用理想桁架力学模型进行设计的疑惑。

根据以上分析并结合该结构的受力特点,实验时选择测量典型杆件的内力来验证上述内力分布规律。试验和过程中内力的测试通过杆件上粘贴的应变片测量,位移的测试通过位移计或百分表进行测量。需要注意的是,由于角钢的非对称结构,应变片的粘贴位置及计算方式较圆管或方管复杂一些,现以 40×4 角钢为例说明应变片粘贴准则及内力分析的方法。

焊接梯形钢桁架结构简图如图 1-37 所示,测试时在角钢的肢尖、肢背上各布置两片应变片,具体尺寸见应变片粘贴位置放大图。对于双角钢,可以根据其对称性确定其形心主轴,从而可以确定其平面弯曲的中性轴。在图 1-37 所示的钢屋架结构中,根据其弯曲方向可以确定边厚为 4mm 的 40 号双角钢截面的中性轴距底边 11.3mm。我们知道弯矩在中性轴上产生的应力为零,这样在双角钢的中性轴上粘贴电阻应变片,便可以直接测得杆件的轴力。为了得到弯矩的大小并验证弯矩在截面上的分布规律,在双角钢截面的上、中、下 3 个位置粘贴 3 组电阻应变片。假定测得的上、中、下 3 个位置应变片距离中性轴的距离分别为 $y_上$、$y_中$、$y_下$,它们的实测应变为 $\varepsilon_上$、$\varepsilon_中$、$\varepsilon_下$,则该杆件的轴力为

$$N = EA\varepsilon_中 \tag{1-7}$$

截面弯矩的大小为

$$M = \frac{EI_y(\varepsilon_上 + \varepsilon_中)}{y_上} 或 \frac{EI_y(\varepsilon_下 + \varepsilon_中)}{y_下} \tag{1-8}$$

式中,$\varepsilon_上$、$\varepsilon_中$、$\varepsilon_下$——实测应变,拉应力时取正,压应力时取负。

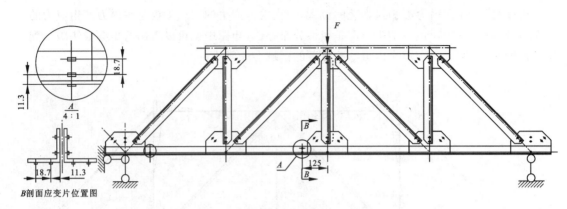

图 1-37 焊接钢桁架结构简图

四、实验方案

1. 实验装置及测量工具

实验装置及测量工具包括多功能结构力学组合实验装置、卷尺、150mm 游标卡尺等。

多功能结构力学组合实验装置由机架和数据采集分析系统两部分组成,加载部分由加载机构及相应的传感器组成,完成对实验结构的加载,并将被测物理量转化为电参量。数据采集系统由应变仪及相应软件组成,主要完成实验数据的采集和分析等。

2. 结构模型的组装与加载方案

安装好的结构模型如图 1-38 所示,下横梁上装有支墩,支墩上安装有正交铰支座,焊接钢桁架安装在正交铰支座上,加载油缸安装在上横梁上,通过手动泵结合安装在手动泵上的换向阀可以使油缸活塞杆上下运动,从而对钢桁架进行加载、卸载,实验时采用多组分级加载的方式进行加载。

图 1-38 焊接钢桁架竖向加载测试实验安装结构模型图

加载方案有以下两种：

(1) 在中间结点施加竖向压荷载，测量杆件内力，分析次内力产生的影响。

(2) 在两侧任一结点施加竖向压荷载，测量杆件内力，分析次内力产生的影响。

对比两种加载方案的实验结果，分析次内力的影响是否和加载点有关。

3. 数据测试方案

结构所受的荷载通过安装在加载杆件端部的拉压力传感器测量，结构的内力通过粘贴在杆件上的应变片测量，结构的变形通过安装在结点位置的位移传感器测量。

4. 实验模型的分析处理

实验前利用结构力学求解器求得实验模型在预设荷载下的内力，并据此算出粘贴应变片位置处的应力，得出其应变值，以便实验过程中校核实验数据的准确性。同时实验过程中数据采集分析系统能够实时记录所施加的荷载及杆件应变，实验完成后利用数据分析软件的相关功能可以方便读取实验数据，得到力与应变的关系曲线，然后依据实验原理验证实验数据的正确性，得出相应结论。

五、实验步骤

1. 实验准备

确定钢桁架的设计参数，包括角钢的截面尺寸、结点板的厚度、每跨尺寸、跨数等，同时确定荷载传感器的灵敏度系数、导线电阻及电阻应变片阻值、灵敏度系数等，确定应变的测试位置。

2. 安装实验模型及加载装置

首先将所需杆件准备齐全，当用到了可调杆件时，要将杆件长度调整至设计值，并拧紧端部的备紧螺丝。然后在地面或桌面上，将结构的上部杆件按照实验要求组装成型，调整各个支墩至安装位置，并将正交铰支座安装在支墩的相应位置，将组装好的上部杆件结构安装在支座的相应位置，通过手动泵调整油缸活塞杆至合适位置，连接好测力传感器。需要注意的是，在安装杆件时应注意已贴应变片与框架平面的关系。

3. 连接测试线路、设置测试参数及测试窗口

具体操作参见实验一。

4. 预加载

在进行正式实验之前，首先要进行预加载，以确保实验设备和数据采集分析系统均能正常工作。一般取预估荷载的 10% 作为预加荷载，观察、分析实验数据，检查试验装置、仪表是否工作正常，然后卸载。如有问题，要把发现的问题及时解决、排除。

5. 加载测试

首先预估实验最大荷载，经指导教师确认后方可加载测试。在加载过程中，注意控制加载

速度及最大荷载,应保证杆件的最大应变不超过 800με,得到正确的 3 组数据后,可停止加载。试件恢复到非受力状态时,停止采集数据。

6. 数据整理与分析

(1)绘制荷载-应变曲线,以观测数据的线性及重复性。数据应为线性且有较好的重复性。

(2)根据测得杆件不同位置的应变值,结合实验杆件原始参数,可以画出结构的内力分布图。对比分析实测内力图与理论计算内力图,得到内力差值,分析查找差值形成的原因。

六、思考题

题目1.绘制如图 1-39 所示的由 2∠40×4 等边角钢焊接而成的梯形桁架在竖向单位荷载作用下的内力图。

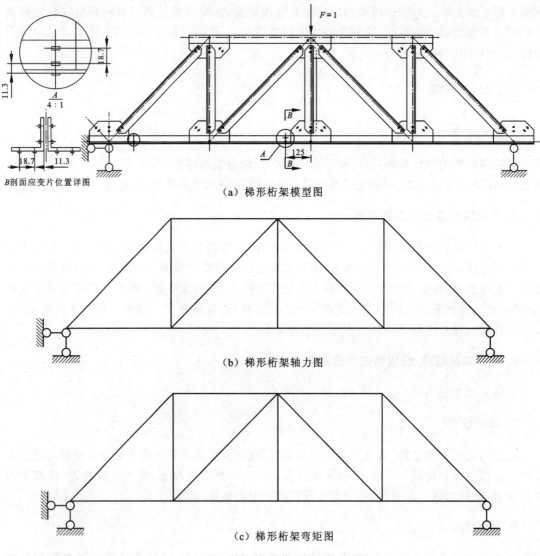

图 1-39 梯形桁架模型图及内力图

题目 2. 在图 1-39 所示的结构中,已知杆件由 2∠40×4 等边角钢焊接而成,材料的弹性模量 $E=210\text{GPa}$,在下弦杆距离中间结点 125mm 的截面 B 上粘贴电阻应变片,应变片的具体位置见 B 剖面应变片位置详图[图 1-39(a)],分别计算在单位竖向荷载作用下粘贴应变片处由轴力产生的应变和弯矩产生的应变,并计算总应变值的大小。

题目 3. 根据题目 2 计算的结果,在保证杆件最大应力不大于 200MPa,且压杆不失稳的情况下,估算该结构所能承受最大荷载及下弦杆中间结点的最大位移。并计算在此荷载下题目 2 中指定位置的两片应变片的应变。

题目 4. 比较实验中采用的桁架结点和理想铰结点的差异,试结合题目 1 中钢桁架的内力图说明焊接钢桁架可以当作桁架来进行理论计算和设计的原因。

实验报告　焊接钢桁架结构静载实验报告

一、实验目的

二、实验设备(需填写型号及编号)

三、相关测试参数

相关测试参数包括杆件、传感器、应变片的相关参数,并将它们分类,填写表1-7。

表1-7　测试参数表

类别									
项目									
参数									

四、实验模型及测点布置

在模型简图(图1-40)中绘测点位置,对测点进行编号,并在测点布置方案中说明贴片的具体位置,同时说明测点的布置依据及所选杆件的受力特点

测点布置方案:

测点布置依据及所选杆件的受力特点:

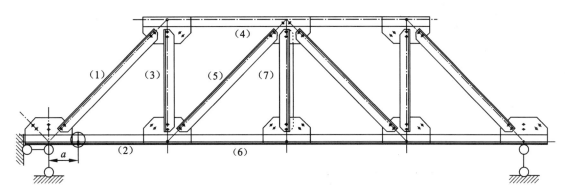

图 1-40 焊接钢桁架模型简图

五、典型杆件实测实验数据及误差分析

记录实验过程中的读取数据,填写表 1-8,并计算弯矩和轴力。

表 1-8 实验数据统计表

测点编号		A片 (CH)	B片 (CH)	A片 (CH)	B片 (CH)	A片 (CH)	B片 (CH)	A片 (CH)	B片 (CH)
P/kN	ΔP/kN								
ε/kN									
实测弯矩									
实测轴力									
理想模型弯矩									
理想模型轴力									
误差/%	弯矩								
	轴力								

注:弯矩的单位为 N·m,轴力的单位为 kN。

六、总结与分析

根据实测数据说明焊接钢桁架可以当作桁架来计算的原因。

七、实验中遇到的问题及解决办法

姓　　名：　　　　　　　　　班　级：
小组成员：　　　　　　　　　指导教师：
实验日期：　　　　　　　　　报告日期：
数据文件名称及保存地址：
实验成绩：

实验五　球结点钢桁架结构静载实验

主题词：球结点、铰结点、零杆、梯形桁架

一、概述

球结点钢桁架结构是工程中常用的桁架结构形式,当其只承受结点荷载作用时,可取作理想桁架结构计算。理想桁架中所有的结点均为铰结点,理想铰结点只能传递轴力,而不能传递弯矩。由于理想铰结点是不存在的,因此理想的桁架模型也不存在,但根据桁架结构的荷载特点,当杆件受力产生微小转角时,若结点只传递很小的弯矩,此时结构的力学特性就接近理想桁架结构的力学特性。

二、实验目的

(1) 掌握理想桁架结构在结点荷载作用下的内力传递规律,认识零杆。
(2) 了解工程结构中球结点的力学性质。
(3) 了解结构实验中固定铰支座与可动铰支座的实现方法及布置准则。

三、实验原理

梯形桁架是工程中常用的结构形式,简支的刚架桥、钢屋架多采用类似的结构形式。桁架的一个支座为固定铰支座,一个支座为可动铰支座,梯形桁架多采用跨距与层高相等的结构形式,典型四跨梯形桁架在中间结点施加竖向荷载时的计算简图及轴力图如图 1-41、图 1-42 所示。桁架结构结点不传递弯矩,因此在单纯施加结点拉压力荷载时,桁架结构的杆件不承受弯矩,因此不必绘制弯矩图。

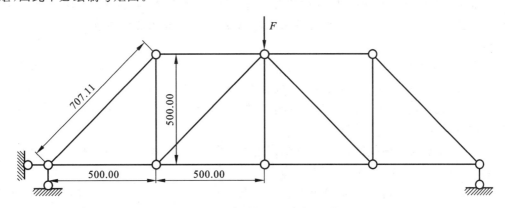

图 1-41　四跨梯形桁架计算简图

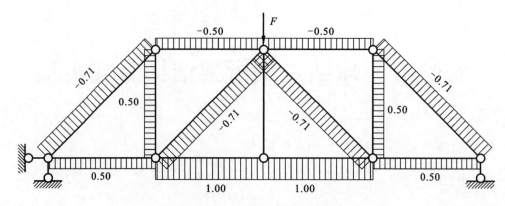

图 1-42 四跨梯形桁架轴力图

从图 1-42 中可以看出四跨梯形桁架结构按图 1-41 的方式施加竖向荷载时,桁架结构的内力传递有明显的对称性,不同部位的杆件内力大小不同,且有明显差异,且对称轴上的竖杆为零杆。根据该结构的受力特点,实验时选择测量典型杆件的内力来验证上述内力传递规律。

四、实验方案

1. 实验装置及测量工具

实验装置及测量工具包括多功能结构力学组合实验装置、卷尺、150mm 游标卡尺等。

多功能结构力学组合实验装置由机架和数据采集分析系统两部分组成,加载部分由加载机构及相应的传感器组成,完成对实验结构的加载,并将被测物理量转化为电参数。数据采集系统由应变仪及相应软件组成,主要完成数据的采集、分析等。

2. 结构模型的组装与加载方案

该实验在 YJ-ⅡD 型结构力学组合实验装置上进行,采用球结点钢桁架实验模型,通过液压油缸手动控制施加竖向荷载,荷载的大小通过拉压力传感器测量,杆件的轴力及不同位置弯矩通过粘贴在杆件不同部位的应变片来测量,球结点钢桁架的变形通过安装在支座和跨中的位移传感器测量。

安装好的结构模型如图 1-43 所示,下横梁上装有支墩,支墩上安装有正交铰支座,球结点桁架安装在正交铰支座上,加载油缸安装在上横梁上,通过手动泵结合安装在手动泵上的换向阀可以使油缸活塞杆上下运动,从而对桁架进行加载、卸载。实验时采用多组分级加载的方式进行加载,加载方案有以下两种。

(1)中间结点集中荷载试验:在中间结点施加竖向压荷载,测量杆件内力,分析次内力产生的影响。

(2)两侧结点集中荷载试验:在两侧任一结点施加竖向压荷载,测量杆件内力,分析次内力产生的影响,同时对比中间结点集中荷载试验结果,分析次内力的影响是否和加载点有关。

图1-43 球结点钢桁架竖向加载测试实验安装结构模型图

3. 数据测试方案

结构所受的荷载通过安装在加载杆件端部的拉压力传感器测量,结构的内力通过粘贴在杆件上的应变片测量,结构的变形通过安装在结点位置的位移传感器测量。

4. 数据的分析处理

实验前利用结构力学求解器求得实验模型在预设荷载下的内力,并据此算出粘贴应变片位置处的应力,得出其应变值,以便实验过程中校核实验数据的准确性。同时实验过程中数据采集分析系统能够实时记录所施加的荷载及杆件应变,实验完成后利用数据分析软件的相关功能可以方便读取实验数据,得到力与应变的关系曲线,然后依据实验原理验证实验数据的正确性,得出相应结论。

五、实验步骤

1. 测量、收集原始参数,调整杆的安装尺寸

(1)确定桁架的设计参数,收集实验相关的原始参数,包括杆件的截面尺寸、杆长、弹性模量等,填入相应的计算表格。当采用可调杆件时,应注意调整可调杆件两个固定孔的长度至设计值。

(2)确定荷载传感器、位移传感器的灵敏度系数及电阻应变片的阻值、灵敏度系数、导线电阻等,确定应变的测试位置。

2. 安装实验模型及加载装置

在地面或桌面上,将结构的上部杆件按照实验要求组装成型,调整各个支墩至安装位置,并将正交铰支座安装在支墩的相应位置,钢桁架安装在正交铰支座的相应位置,通过手动泵调整油缸活塞杆至合适位置,连接好测力传感器。需要注意的是,在安装杆件时应注意已粘贴应变片与框架平面的关系。

3. 连接测试线路、设置测试参数及测试窗口

具体操作详见实验一。

4. 预加载

在进行正式实验之前,首先要进行预加载,以确保实验设备和数据采集分析系统均能正常工作。一般取预估荷载的10%作为预加荷载,观察、分析实验数据,检查试验装置、仪表是否工作正常,然后卸载。如有问题,要把发现的问题及时解决、排除。

5. 加载测试

在正式加载之前先平衡测点,再启动采样,接下来分级加载,得到所需要的测试数据。在加载过程中,注意控制加载速度及最大荷载,应保证杆件的最大应变不超过 $800\mu\varepsilon$。得到正确的 3 组数据后,方可停止加载。试件恢复到非受力状态时,停止采集数据,这样就完成了实验的加载测试过程。

6. 实验数据整理与分析

(1)绘制荷载-应变曲线,以观测数据的线性及重复性。数据应为线性且具有较好的重复性。
(2)根据测得杆件不同位置的应变值,结合实验杆件原始参数,可以画出结构的内力分布图。对比分析实测内力图与理论计算内力图,得到内力差值,分析查找差值形成的原因。

六、思考题

题目 1. 球结点桁架是由外径 $D=42$mm,内径 $d=38$mm 的杆件和螺栓球结点组装而成,材料的弹性模量 $E=210$GPa,加载示意图如图 1-44(a)所示,请在图 1-44(b)、(c)的空白处分别绘制球结点桁架的计算简图和内力图。

题目 2. 图 1-44(a)中编号的 7 根杆件,在距离结点 1/4、1/2 和 3/4 杆长截面处沿弯矩敏感方向对称粘贴电阻应变片(A、B 两片),根据题目 1 中得到的内力图,试求在单位竖向荷载作用下拉力最大杆两片应变片的应变与压力最大杆两片应变片的应变。

题目 3. 根据题目 2 计算的结果,在保证杆件最大应力不大于 200MPa,且压杆不失稳的情况下,估算该结构所能承受的最大荷载。并计算在此荷载下题目 2 中指定位置的两片应变片的应变。

题目 4. 该实验的主要目的是明确球结点的力学性质,试根据你对球结点的了解,写出球结点的一些力学特点,并说明如何通过实验数据来验证你所提出的力学特点。

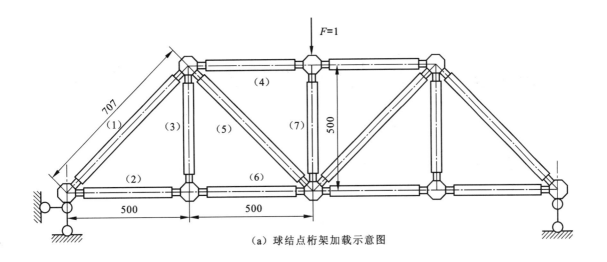

(a) 球结点桁架加载示意图

(b) 球结点桁架计算简图

(c) 球结点桁架内力图

图 1-44 球结点桁架计算简图及内力图

实验报告 球结点桁架结构静载实验报告

一、实验目的

二、实验设备(需填写型号及编号)

三、相关测试参数

相关测试参数包括杆件、传感器、应变片的相关参数,并将它们分类,填写表 1-9。

表 1-9 测试参数表

类别										
项目										
参数										

四、实验模型及测点布置

在模型图(图 1-45)中绘测点布置位置,对测点进行编号,同时说明测点的布置依据及所选杆件的特点。

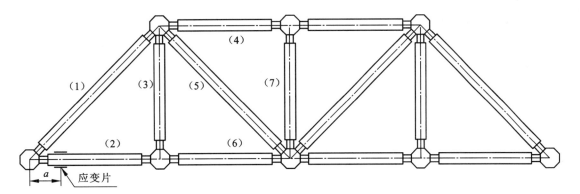

图 1-45 球结点桁架模型简图

五、典型杆件实测实验数据及误差分析

记录实验过程中的读取数据,填写表 1-10,并计算弯矩和轴力。

表 1-10 实验数据统计表

测点编号		A 片 (CH)	B 片 (CH)	A 片 (CH)	B 片 (CH)	A 片 (CH)	B 片 (CH)	A 片 (CH)	B 片 (CH)
P/kN	ΔP/kN								
ε/kN									
实测弯矩									
实测轴力									
理想模型弯矩									
理想模型轴力									
误差/%	弯矩								
	轴力								

注:弯矩的单位为 N·m,轴力的单位为 kN。

六、总结与分析

根据实测数据总结球结点桁架的力学特性,并与前面的梯形桁架和焊接钢架的力学特点进行比较分析。

七、实验中遇到的问题及解决办法

姓　　名：　　　　　　　　　　班　　级：
小组成员：　　　　　　　　　　指导教师：
实验日期：　　　　　　　　　　报告日期：
数据文件名称及保存地址：
实验成绩：

实验六 典型刚架结构静载实验

主题词：门式刚架、刚结点、梁式杆

一、概述

刚架是由简单梁式杆件组成且刚结点处各杆件之间不产生相对线位移和角位移的结构。刚结点比铰结点多了一个转角约束，使得刚架结构和桁架结构在结构轮廓相同的情况下，刚架可以比桁架少一些斜腹杆，从而在结构内部形成较大空间，便于使用。

与桁架结构的受力特点不同，刚架结构中的杆件主要承受弯矩，刚结点处承受弯矩能够减小或消减构件跨中弯矩的峰值，使得弯矩分配趋于均衡，从而提高材料的利用效率，减小结构中构件的截面尺寸。但杆件截面上的应力按线性分布，与桁架的二力杆相比不能充分发挥材料的作用。刚架结构因其结构形式及受力特点在实际工程中有着广泛应用，如工业厂房、框架结构楼房等，因此有必要通过实验验证刚架结构在特定荷载作用下内力分布的规律。

二、实验目的

（1）验证刚架结构在特定荷载作用下内力分布规律及结点位移。
（2）进一步了解刚结点的力学特性，理解刚结点的设计依据。

三、实验原理

两层两跨门式刚架水平加载内力、结点位移测试实验模型如图1-46所示。

图1-46 两层两跨平面刚架模型图

图 1-47 所示两层两跨平面刚架在水平结点荷载作用下的受力特点为:结构弯矩(图 1-48)和竖杆轴力(图 1-49)呈反对称分布,每根杆件弯矩均呈线性分布且在杆件中部有反弯点,水平杆轴力从左向右依次减小且对称轴处的竖杆轴力为零。

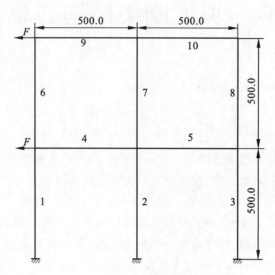

图 1-47 两层两跨平面刚架计算简图

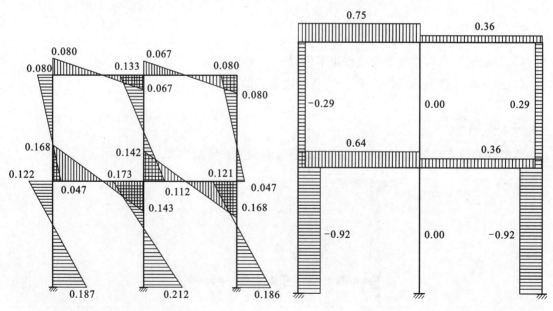

图 1-48 两层两跨平面刚架弯矩图　　　图 1-49 两层两跨平面刚架轴力图

在忽略剪力影响的情况下,杆件各位置的应变由轴力和弯矩叠加产生。由结构的内力图和杆件的截面尺寸,可以得出结构在单位荷载作用下各杆件不同位置的应变,从而绘制不同位置的应变图。在试验过程中我们可以根据应变图的变化及时判断实验观测数据是否准确。

结构力学的实验是要将实测值与理论值相比较,两者比较的内容为轴力、弯矩及结点位移。理论值可以通过计算直接得到,在实际测试时我们可以测得结点的位移或杆件上某一点的应变,无法直接测得杆件上的轴力和弯矩。通过在杆件同一截面对称粘贴电阻应变片的方法,在忽略剪力影响的情况下,实测应变的平均值由轴力引起,应变的差值由弯矩引起,经计算分析可得该截面的轴力及弯矩,根据其内力分布规律可以得到结构在对应荷载作用下的内力图。对比内力图可验证在水平节点荷载作用下平面刚架的内力分布规律。

四、实验方案

1. 实验装置及测量工具

实验装置及测量工具包括多功能结构力学组合实验装置、卷尺、150mm 游标卡尺等。

多功能结构力学组合实验装置由机架和数据采集分析系统两部分组成,加载部分由加载机构及相应的传感器组成,完成对实验结构的加载,并将被测物理量转化为电参量。数据采集系统由应变仪及相应软件组成,主要完成实验数据的采集、分析等。

2. 结构模型的组装与加载方案

安装好的两层两跨连续平面刚架结构模型如图 1-50 所示,安装在下横梁的导轨上,加载装置安装在左、右立柱上,当顺时针转动加载小车手柄时,蜗轮蜗杆向左运动,便可以对结构模型施加一个向左的水平力,而当逆时针旋转加载小车手柄时,蜗轮蜗杆向右运动,便可以对结构模型施加向右的水平荷载。

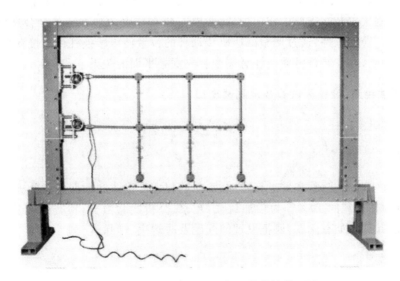

图 1-50 两层两跨平面刚架安装结构模型图

3. 数据测试方案

结构所受的荷载通过安装在加载杆件端部的拉压力传感器测量,结构的内力通过粘贴在杆件上的应变片测量,结构的变形通过安装在节点位置的拉线式位移传感器测量。

4. 实验模型的分析处理

实验前利用结构力学求解器求得实验模型在预设荷载下的内力,并据此算出粘贴应变片位置处的应力,得出其应变值,以便实验过程中校核实验数据的准确性。同时,实验过程中数据采集分析系统能够实时记录所施加的荷载及杆件应变,实验完成后利用数据分析软件的相关功能可以方便读取实验数据,得到力与应变的关系曲线,然后依据实验原理就可以验证实验数据的正确性,得出相应结论。

五、实验步骤

1. 测量、收集原始参数,调整杆的安装尺寸

(1)确定刚架的设计参数,收集实验相关的原始参数,包括杆件的截面尺寸、杆长、弹性模量等,填入相应的计算表格。当采用可调杆件时,应注意调整可调杆件两个固定孔的长度至设计值。

(2)确定荷载传感器、位移传感器的灵敏度系数及电阻和电阻应变片的阻值、灵敏度系数、导线电阻等,确定应变的测试位置。

2. 安装实验模型及加载装置

首先将所需杆件准备齐全,当用到了可调杆件时,要将杆件长度调整至设计值,并拧紧端部的备紧螺丝,然后在地面或桌面上,将刚架按照实验要求组装成型,调整各个支座至安装位置,将组装好的刚架安装在支座的相应位置,调整左侧立柱上的加载装置至合适位置,依次连接好测力传感器、转接杆件,通过调整减速机传动杆的位置使得转换杆件连接在加载点结点盘上。需要注意的是,在安装杆件时应注意应变片与框架平面的关系。

3. 连接测试线路、设置测试参数及测试窗口

具体操作详见实验一。

4. 预加载

在进行正式实验之前,首先要进行预加载,以确保实验设备和数据采集分析系统均能正常工作。一般取预估荷载的 10% 作为预加荷载,观察、分析实验数据,检查试验装置、仪表是否工作正常,然后卸载。如有问题,要把发现的问题及时解决、排除。

5. 加载测试

在正式加载之前先平衡测点,再启动采样,接下来分级加载,得到所需要的测试数据。由于本实验测试点较多,读数时往往采用历史曲线与数据表格联合读数的方式,在历史曲线中单击右键,选择"显示拆分""数据同步""单光标",此时移动历史曲线中的光标,实时曲线及数据表格中的数据就会与历史曲线的光标数据同步。读数时,可以通过历史曲线左侧的读数窗口、表格数据、实时曲线的光标数据任一方式读取实验数据。在加载过程中,注意控制加载速度及最大荷载,应保证杆件的最大应变不超过 $800\mu\varepsilon$。得到正确的 3 组数据后,方可停止加载。试

件恢复到非受力状态时,停止采集数据,这样就完成了实验的加载测试过程。

6. 实验数据整理与分析

绘制荷载-应变曲线,以观测数据的线性及重复性。数据应为线性且有较好的重复性。

根据测得杆件不同位置的应变值,结合实验杆件原始参数,可以画出结构的内力分布图。对比分析实测内力图与理论计算内力图,可得到实验误差,分析查找差值形成的原因。

六、思考题

题目1.绘制如图1-51(a)所示的杆件长度为500mm的固定支座门式刚架结构在单位水平荷载作用下的内力图。

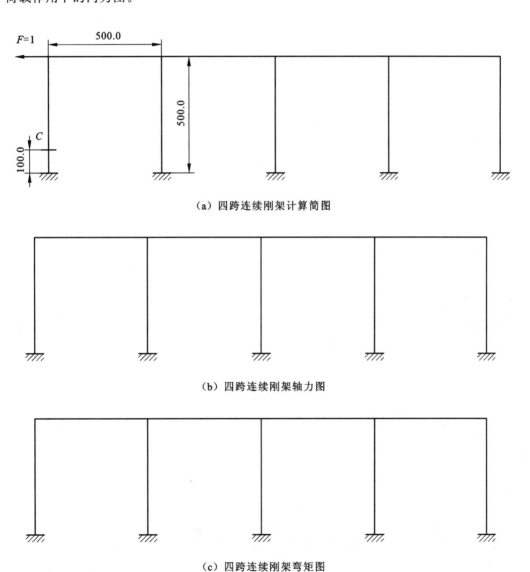

(a) 四跨连续刚架计算简图

(b) 四跨连续刚架轴力图

(c) 四跨连续刚架弯矩图

图1-51 刚架结构计算简图及内力图

题目 2. 在如图 1-51 所示的结构中，已知杆件的外径 $D=22\text{mm}$，内径 $d=20\text{mm}$，材料的弹性模量 $E=210\text{GPa}$，在距离支座 100mm 的截面 C 沿弯矩敏感方向对称粘贴电阻应变片（A、B 两片），试求在单位荷载作用下两应变片的应变（需分别计算由轴力和弯矩产生的应变）。

题目 3. 在实验时，计算上述模型在杆件的最大应力不得大于 200MPa 的情况下所能承受的结点最大水平荷载及此时的结点位移，并计算在此荷载下题目 2 中指定位置的两片应变片的应变。

题目 4. 该实验的主要目的是验证刚架结构的受力特点，除本书给出的实验模型外，如果能够设计出更典型的实验方案，请画出实验方案的计算简图及内力图。

实验报告　典型刚架结构静载实验报告

一、实验目的

二、实验设备(需填写型号及编号)

三、相关测试参数

相关测试参数包括杆件、传感器、应变片的相关参数,并将它们分类,填写表 1-11。

表 1-11　测试参数表

类别										
项目										
参数										

四、实验模型及测点布置

(1)对比实验模型,给指定位置选择结点盘以组成和实验模型功能相同的结构模型,结点盘形式如图 1-52 所示。将选择结果填入结点盘选配表(表 1-12)中,需通过旋转角度说明结点盘的安装方式。

表 1-12　结点盘选配表

使用部位	1	2	3	4
结点类型				
旋转角度				

图 1-52　结点盘形式

(2)在模型简图中绘出测点布置位置,如图 1-53 所示,对测点进行编号,并说明所选杆件的特点。

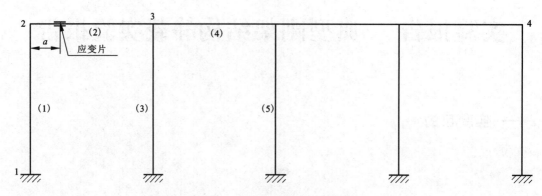

图 1-53 典型刚架结构模型简图

五、典型杆件实测实验数据及误差分析

记录实验过程中的读取数据,填写表 1-13,并计算弯矩和轴力。

表 1-13 实验数据统计表

测点编号		A片 (CH)	B片 (CH)	A片 (CH)	B片 (CH)	A片 (CH)	B片 (CH)	A片 (CH)	B片 (CH)
P/kN	$\Delta P/kN$								
ε/kN									
实测弯矩									
实测轴力									
理想模型弯矩									
理想模型轴力									
误差/%	弯矩								
	轴力								

注:弯矩的单位为 N·m,轴力的单位为 kN。

六、总结与分析

根据实测数据总结刚结构的力学特点,并与理想数据比较,分析误差来源。

七、实验中遇到的问题及解决办法

姓　　名：　　　　　　　　　　班　　级：
小组成员：　　　　　　　　　　指导教师：
实验日期：　　　　　　　　　　报告日期：
数据文件名称及保存地址：
实验成绩：

第二部分

结构实验指导

实验一　电阻应变片的粘贴

主题词：电阻应变片、标距、敏感栅、型号

一、基本原理

电阻应变片由敏感栅、引线、覆盖层和基底组成。其原理：当试件受到外力作用而变形时，使得粘贴在试件上的电阻应变片的敏感栅电阻丝截面积发生变化而使其电阻值发生变化，从而以电阻应变片单位电阻的变化量来反映试件单位长度的变化量（即应变）。

电阻应变片的种类较多，按基底材料区分，有纸基和胶基两类。常见的金属应变片有丝式纸基和箔式胶基两种。标距（即敏感栅的有效长度）也有多种，一般在 2～120mm 之间。

二、实验目的

(1) 掌握电阻应变片的选用原则和方法。
(2) 学习和掌握常用电阻应变片的粘贴技术。
(3) 认识电阻应变片的外观、规格型号等。

三、实验仪器及器材

(1) 电阻应变片。
(2) 钢材试件。
(3) 数字万用电表。
(4) 放大镜。
(5) 黏结剂（KH502 胶）、丙酮或酒精。
(6) 砂纸、棉花球、镊子、塑料薄膜。
(7) 电烙铁、焊锡丝、松香、接线端子、导线。

四、实验方法及步骤

1. 应变片检查分选

1) 选择电阻应变片的型号

基底及覆盖层的材料通常有纸基和胶基两种。纸基的经济性较高，但防潮性能较差，只用于现贴现测的情况。胶基的防潮性能较好，可现贴后隔日再测。两者可根据现场情况选用。

2) 选择电阻应变片的规格

电阻应变片规格主要指电阻应变片的标距。选择标距的长短,取决于试件材料质地的粗糙或细腻程度。通常其标距应大于试件材质颗粒的 5~6 倍。例如,钢材的材质较为细腻,可选择标距较小的 3mm×2mm(即长为 3mm,宽为 2mm)的电阻应变片;混凝土的材质较粗糙,可选择标距较大的 80mm×5mm(即长为 80mm,宽为 5mm)的电阻应变片。

3) 外观检查

借助放大镜肉眼检查,应变片应无气泡、霉斑、锈点等,应变片丝栅应平直、整齐、均匀,外观有缺陷的应变片应予剔除。

4) 阻值检查

用万用电表检查应变片电阻值并分组。应变片应无短路或断路现象,用于同一测区的应变片电阻值应基本一致,阻值差异不大于 0.5%。

2. 试件测点表面处理

(1) 测点检查:检查测点处表面状况,表面应平整、无缺陷、无裂缝等。

(2) 打磨:用 0 号砂纸打磨试件表面,除去表面锈斑、污渍等,要求表面光洁度达到 Δ5,注意打磨时不应减小试件断面。

(3) 清洗:用棉花球蘸丙酮或酒精清洗试件表面,要求达到用棉花球干擦时无污染。

(4) 定位:根据所测应变方向,用铅笔等在试件表面划出测点定位线,应变片纵轴线应与应变方向一致。

3. 应变片的粘贴

(1) 上胶:用镊子夹住应变片引出线,在应变片背面涂一层薄胶,测点处也涂上薄胶,将应变片按测点方位放上。

(2) 挤压:用一小片塑料薄膜纸盖在应变片上,用手指沿一个方向滚压,挤出多余胶水,使胶层尽可能薄。

(3) 加压:用手指轻轻按压 1~2min,待胶水初步固化,松开手指,应注意应变片的位置和方向不应滑动。

4. 固化处理

固化处理分自然干燥和人工固化。

5. 粘贴质量检查

(1) 外观检查:借助放大镜肉眼观察,应变片应无气泡、粘贴牢固、方位准确。

(2) 阻值检查:用万用电表检查,应变片应无短路或断路,电阻值应与粘贴前基本相同。

(3) 绝缘度检查:用兆欧表检查应变片电阻丝与试件之间的绝缘电阻,它是检验胶层干燥和固化程度的标志,一般静态应变量测应在 200MΩ 以上。

6. 导线连接

导线连接如图 2-1 所示。

(1)引出线绝缘处理:应变片引出线底下用绝缘胶布贴在试件上,以保证引出线与试件绝缘,不致形成短路。

(2)固定点设置:用胶水将接线端子粘贴在应变片前端附近的试件上。

(3)导线焊接:用电烙铁把应变片引出线和导线分别焊接在接线端子上,焊点应圆滑、丰满、牢固、无虚焊等。

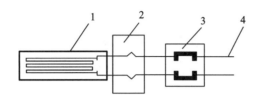

图 2-1 应变计连接导线的固定方法
1.应变计;2.绝缘胶带;3.接线端子;4.引出线

7. 防潮及防护处理

检查应变片粘贴质量合格后,根据环境条件进行防潮、防护处理。可采用石蜡、硅胶及环氧树脂胶等防潮剂敷盖整个应变片,使应变片与空气隔离达到防潮目的。必要时加布带绑扎,以防止应变片机械损伤(图 2-2)。

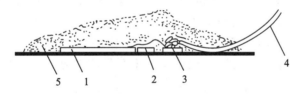

图 2-2 应变计的防护
1.应变计;2.绝缘胶带;3.接线端子;4.导线;5.防护剂

五、思考题

题目 1.被测钢材试件为何在粘贴电阻应变片处打成交叉 45°磨痕条纹?

题目 2.电阻应变片选择的原则是什么?

题目 3.如何保证贴片的质量?贴片质量的好坏对量测会产生什么影响?

题目 4.电阻应变片粘贴完毕后,若发现电阻值发生短路或断路时,请分析可能的原因并简述其处理方法。

实验二　静态电阻应变仪桥路原理实验

主题词:静态电阻应变仪、惠斯登电桥、温度效应、桥臂特性、应变片、灵敏系数

一、基本原理

(1)静态电阻应变仪的桥臂特性:两个相邻桥臂的应变量具有相减性,两个相对桥臂的应变量具有相加性。

(2)温度效应:物体随着环境温度的升高或下降发生热胀冷缩。例如,当电阻应变片粘贴在被测物上时,若温度发生变化,此时电阻应变片的丝栅要膨胀的同时被测物体也要膨胀,由于两者材料的线热膨胀系数不同,导致膨胀程度有差异,从而产生一附加应力。产生这一附加应力的现象称之为温度效应。

(3)温度补偿法:由于需要测的是被测物体受外力作用的应变,而不含此附加应力,因此须考虑消除此附加应力。其方法是用一种材料与被测物材料相同的物体作"补偿块",在此"补偿块"上粘贴与被测物一样规格大小的电阻应变片,且此"补偿块"是不受力的,并将此"补偿块"与被测物同处一个温度场,最后将被测物上的电阻应变片(称之为工作片)与"补偿块"上的电阻应变片(称之为补偿片)接在电阻应变仪(惠斯登电桥)两个相邻桥臂上,利用"两相邻桥臂的应变量具有相减性"的特性,将附加应力消除。这种消除附加应力的方法称之为温度补偿法。

(4)静态电阻应变仪只输出电压 U_{BD},而应变仪所显示的"应变值"是 $\varepsilon_{仪} = \dfrac{4U_{BD}}{KE}$,即通过输入设置电阻应变片灵敏系数 K 值运算来得到的。故在静态电阻应变仪的外面板(或软件参数设置)均安排一个用户人工设置的按钮(或窗口),由用户人工输入设置电阻应变片灵敏系数 K 值,所设置的电阻应变片灵敏系数 K 值须与实际使用的电阻应变片的灵敏系数 K 值相一致。

二、实验目的

(1)熟悉并验证静态电阻应变仪的桥臂特性。
(2)掌握静态电阻应变仪测量的基本原理。
(3)学会静态电阻应变仪测量的接线方法和基本操作规程。

三、实验仪器及器材

(1)静态电阻应变仪。
(2)标准等强度悬臂梁。
(3)补偿件。
(4)起子。

四、实验方法及步骤

(1)调节静态电阻应变仪电阻灵敏系数 K,使之与试件上所使用电阻应变片灵敏系数 K 值一致。

(2)按实验原理,分别依次按图 2-3(a)半桥单补→(b)半桥互补 1→(c)半桥互补 2,进行接线及正式实验。按图 2-3 半桥方法接入静态电阻应变仪 A、B、C 接线端(图中阴影电阻为仪器内部的固有电阻)。

(3)在做图 2-3(c)项实验时,应先通过实验得出该标准等强度悬臂梁材料的泊松比。

(4)测定标准梁在 50g、100g、150g、200g 荷载作用下的应变值进行记录,并绘制 P-ε 实验曲线以便检查线性情况,并与理论计算值 ε 比较。

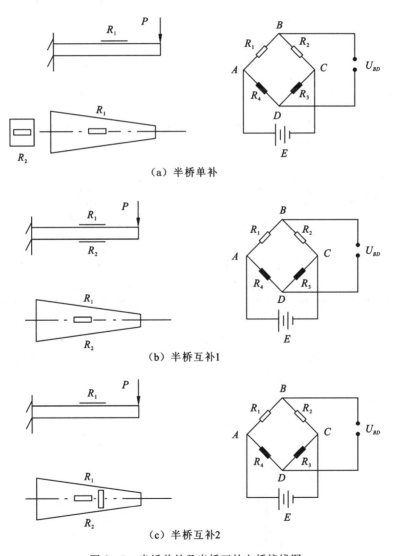

(a)半桥单补

(b)半桥互补 1

(c)半桥互补 2

图 2-3 半桥单补及半桥互补电桥接线图

五、成果整理

(1)将实验中半桥单补及半桥互补测量方法所测得的数据及相关条件如实地记录在实验表格中,并与理论计算值 ε 比较,如表 2-1、表 2-2 所示。其中表 2-2 为当测得标准等强度悬臂梁材料的泊松比为 0.26 时的例表。

表 2-1 半桥单补和半桥互补测量方法实测数据及其误差记录表

项目 荷载/g	半桥单补		半桥互补1			半桥互补2		
	实测值	差值	实测值	理论值	误差/%	实测值	理论值	误差/%
初值								
P_1								
P_2								
P_3								

表 2-2 当测得标准等强度悬臂梁材料的泊松比为 0.26 时的例表

项目 荷载/g	半桥单补		半桥互补1			半桥互补2		
	实测值	差值	实测值	理论值	误差/%	实测值	理论值	误差/%
初值	0		2			−1		
P_1	24	24	52	50	0.04	30	29	0.03
P_2	49	25	100	100	0	63	61	0.03
P_3	72	23	148	146	0.04	91	90	0.01

(2)绘制荷载-应变(P-$ε$)实验曲线以便检查其线性(图 2-4)。

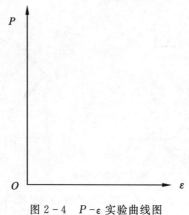

图 2-4 P-$ε$ 实验曲线图

（3）对实验数据、实验中的特殊现象、实验操作的成败、实验的关键点等内容进行整理、解释、分析总结，提出实验结论或提出自己的看法等。

六、思考题

题目1.讨论不同桥路接线法的优缺点及应用范围。

题目2.什么是温度效应？如何实现温度补偿？

题目3.当静态电阻应变仪所设置的电阻应变片灵敏系数 K 与实际采用的电阻应变片灵敏系数 K 不一致时，如何修正？

实验三 标定荷重传感器实验

主题词:应变式压力传感器、惠斯登电桥、全桥、标定值

一、基本原理

(1)应变式压力传感器的传感原理:它是在圆筒状弹性钢体上粘贴电阻应变片来感受其筒体受压力带来的变形(应变),由此建立力与应变的关系,并以此系数作为标定值。

(2)通常压力传感器是以全桥的方式接入电阻应变仪以测得在力作用下的应变值。在圆筒状弹性钢体上布置8个应变片,为消除因施加荷载偏心而产生附加弯曲的影响,采用沿周边和轴向对称粘贴应变片的方式,并将此8个应变片以全桥方式接入电阻应变仪的惠斯登电桥(图2-5)。由电阻应变仪桥臂特性得

$$\varepsilon_{仪} = \frac{4U_{BD}}{EK} = 2(1+\mu)\varepsilon_N \tag{2-1}$$

此法提高了电阻应变仪桥路输出信号灵敏度$2(1+\mu)$倍(其中μ为该压力传感器材料的泊松比),温度补偿为互补而自动完成,且消除了因轴向力偏心引起的影响。另外,由式(2-1)可知:$\varepsilon_{仪}$与ε_N成正比,也即:$\varepsilon_{仪}$与压力传感器所受力N成正比。

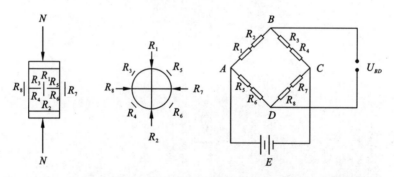

图2-5 应变式压力传感器电阻应变片布置及电阻应变仪桥路连接图

(3)确定应变式传感器$A、B、C、D$四个接线端的原理:可先令传感器4个接线端中任一接线端为A,再任意取一接线端,测量其阻值并记下,而后将所令的A不放,再取另一接线端,测量其阻值并记下。两个接线端都与A量测了一次阻值。阻值较大的接线端为C,阻值较小的接线端为B,剩下的接线端即为D。确定了传感器4个接线端$A、B、C、D$,即可按此接入电阻应变仪上标明的$A、B、C、D$接线端组成一全桥。

$A、B$端测得的是小阻值,$A、C$端测得的是大阻值,这是因为从应变式荷载传感器共引出4个导线端。应变式荷载传感器电阻应变片的阻值以300Ω为例,则$A、B$端,$A、C$端的电阻值计算示意图如图2-6所示,$R_{AB}、R_{AC}$分别为

$$R_{AB}=\frac{6R\times 2R}{2R+6R}=\frac{12}{8}R=450(\Omega)$$
$$R_{AC}=\frac{4R\times 4R}{4R+4R}=\frac{16}{8}R=600(\Omega)$$

(2-2)

可见：$R_{AC}>R_{AB}$。故 A、B 端测得的是小阻值，A、C 端测得的是大阻值。

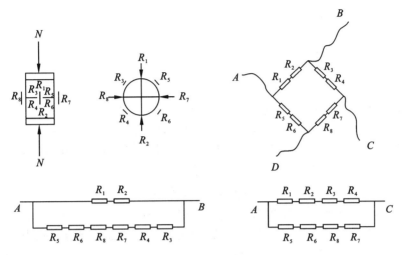

图 2-6 应变式荷载传感器接线端间电阻值计算示意图

另外，若要改变输出极性，可将原来确定的 A、C 调换即可。因为从图 2-7 可见 A、C 即提供桥压的正负极。

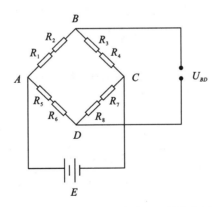

图 2-7 应变式荷载传感器电桥接线图

二、实验目的

(1) 掌握传感器的接线方法。
(2) 学会如何标定和应用传感器。
(3) 作荷载-应变图，从图中检验传感器的线性度，并求出传感器的标定值以作为实际加载中的加载数量的依据。

三、实验设备及仪器

(1)荷重传感器。
(2)材料试验机。
(3)静态电阻应变仪。
(4)数显万用表。

四、实验方法及步骤

(1)打开静态电阻应变仪通电预热。
(2)用数显万用表找出荷重传感器 4 个接线端 A、B、C、D。
(3)将荷重传感器的 4 个接线端 A、B、C、D 分别对应接入静态电阻应变仪的 A、B、C、D 接线端。
(4)将荷重传感器放置在试验机工作台上,并启动试验机,使之工作活塞升起一些高度以除去自重。
(5)按荷重传感器的吨位来确定加载级别、加载程序。
(6)试验机对荷重传感器分级加载,其加载速度要均衡稳定。
(7)将每级加载时其荷载值与所对应的荷重传感器的应变值记录在表格中。
(8)重复做 3 次,取 3 次读数的平均值。

五、成果整理

(1)开始实验时,将实验中所做的每一步操作、观察到的现象和所测得的每一级荷载所对应的应变数据记录在以下实验表格中(表 2-3)。并注意记录静态电阻应变仪型号、压力传感器规格、压力试验机规格型号及天气温度情况等。

表 2-3 压力传感器标定记录表

静态电阻应变仪型号：　　　　　　日期：
压力传感器规格：　　　　　　　　天气：
压力试验机规格型号：　　　　　　温度：

序号	荷载/kN		实测读数(微应变)			平均值	级差
	分级	累计	1	2	3		
0	0	0					
1	10	10					
2	10	20					
3	10	30					
4	10	40					
5	10	50					

标定值/($\mu\varepsilon$/10kN):

班级：　　　　　　读数人：　　　　　　记录人：

(2)重复做3次,取3次读数的平均值作为各级荷载作用下所对应的应变值。

(3)计算级差,并求取标定值。

(4)再依据实验数据绘制荷载-应变(P-ε)曲线图(图2-8),计算并给出标定值。

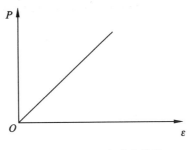

图2-8 P-ε 实验曲线图

六、思考题

题目1.简述标定压力传感器的目的和意义。

题目2.如何确定应变式压力传感器 A、B、C、D 四个接线端,为什么?当标定时发现荷载与我们所希望的符号相反时,如何调整 A、B、C、D,为什么?

题目3.如何正确选用压力传感器?

实验四　钢网架结构静载实验

主题词：非破坏静载实验、应变、位移

一、实验目的

(1)初步掌握应变片的选用原则和方法。
(2)学习常温用电阻应变片的粘贴技术，学习静态电阻应变仪的使用方法。
(3)掌握电阻应变测量的基本原理和接桥方法。
(4)了解结构实验的加载方法，以及网架杆件轴力和线位移的测量方法。通过对理论计算结果和实测结果的比较分析，验证理论计算的正确性，并分析对比之间的差异及原因。

二、实验设备及仪器

1. 试件

试件规格：网架网格 700×700，网架尺寸 $2\,800\text{mm} \times 4\,200\text{mm} \times 95\text{mm}$，杆件均为 $\phi 42 \times 3$，见图 2-9。

2. 主要仪表及用途

(1)静态电阻应变仪：测量应变值。
(2)机电百分表：测线位移。
(3)应变计：测量杆件应变。
(4)万用表：检测各测点阻值。

3. 加载设备

加载设备：液压同步加载系统。

三、实验方法及步骤

1. 实验准备贴片

(1)用放大镜检查、分选应变片，剔除丝栅有形状缺陷，片内有气泡、霉斑、锈点等缺陷的应变片。用电桥测量各应变片电阻值，选择电阻值差在 $\pm 0.5\%\Omega$ 内的应变片 20 枚供粘贴用。
(2)测量选取及表面处理：选取杆件中间区段的截面，贴片部位应在形心主轴上。先用砂纸磨平后，划出定位线，再用棉球蘸丙酮擦洗干净。

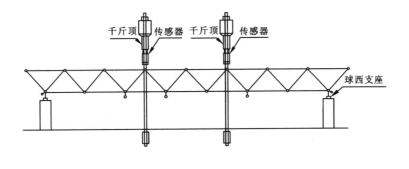

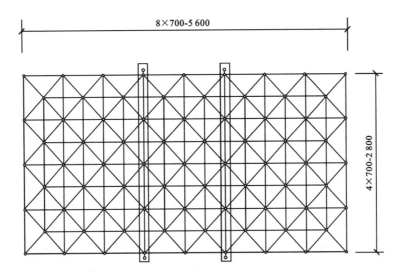

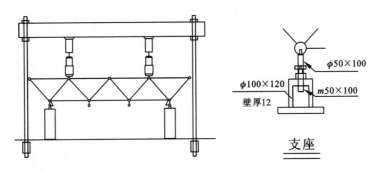

图 2-9 实验模型及加载装置

(3)贴片:每组选择 1/4 网架的部分杆件各贴一片应变计,布置图见图 2-10。使用 502 快干胶贴片要掌握时机,一手拿 502 瓶上胶,一手捏住应变片引出线,在应变片基底底面涂一层胶,应涂得薄而均匀,校正方向贴好,再用塑料薄膜盖在应变片上,用手指按应变片挤出多余的胶,约 1min 后轻轻掀开薄膜,检查有无气泡、翘曲、脱胶等现象,否则应重贴。按同样方法贴两片温度补偿片。

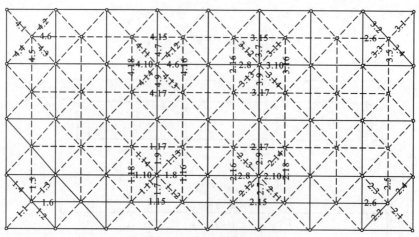

图 2-10 杆件应力测点布置图

2. 正式实验

(1) 检查贴片质量，包括外观检查和应变片阻值测量，应变片电阻值应无明显变化。用万用表检查应变片是否通路。如属丝栅断开则需重贴，如属焊点脱开尚可补焊。

(2) 应变片、位移计与应变仪之间的测量导线布置，应使用等长导线，排列整齐，成束捆扎。应变片引出线也应事先固定，防止扯坏应变片，连接点应光滑、牢固、防止虚焊。引出线应编号并作记录。再用万用表检查应变片是否通路。

(3) 每个小组选择一条下弦节点布置 5 个位移计，具体位置见图 2-11。

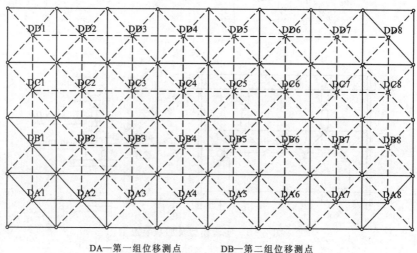

DA—第一组位移测点　　DB—第二组位移测点

DC—第三组位移测点　　DD—第四组位移测点

图 2-11 节点位移测点布置图

(4) 接线：采用 1/4 桥测量各测点的应变。先将各测量导线按序号接在平衡箱上 AB 端，补偿片接 BC 端，作为一个半桥；另外一个半桥使用应变仪，应变仪内部为 120Ω 标准电阻。

(5) 接通电阻应变仪电源,预热 20min 后,平衡应变仪。如果不平衡,则应找出原因,直到各测点的应变平衡为止,并且稳定且不变化后方可进行下一步。

(6) 预载:预载二级荷载,每级 4×7.5kN,每级停歇 5min 后读取数据。同时检查实验装置,试件和仪表工作是否正常,然后卸载,把发现的问题及时排除。

(7) 正式加载:仪表重新调零后,正式加载实验,共加载五级荷载,每级 4×7.5kN,每级停歇 5min 后读取实验数据。

(8) 卸载:每级卸载 4×15kN,并停歇 5min 读取实验数据。

(9) 重复一次加载、卸载实验过程。

四、成果整理

(1) 画出测点布置图(包括应变、位移),并编号使其与记录表中编号一致。

(2) 试验记录,将所测得的各杆件应变及节点位移值记入表 2-4 中。

表 2-4 杆件应变及节点位移记录表

测点	荷载/kN	预载			加载试验					卸载试验		
		0	30	60	30	60	90	120	150	90	30	0
杆件应变测点	1											
	2											
	3											
	4											
	5											
	6											
	7											
	8											
	9											
	10											
	11											
	12											
	13											
	14											
	15											
	16											
	17											
	18											
节点位移	1											
	2											
	3											
	4											
	5											

(3) 网架内力计算与分析：利用实测应变计算各杆的内力，并绘出内力-荷载(N-P)曲线(图 2-12)。

杆件内力(轴力)实测值为

$$N = \varepsilon \cdot E \cdot F \tag{2-3}$$

式中：ε —— 杆件的实测应变值；

E —— 杆件的弹性模量，$E = 2.1 \times 10^6 (\text{kg/cm}^2)$；

F —— 杆件的截面面积，cm^2。

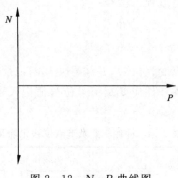

图 2-12 N-P 曲线图

(4) 比较满载时，杆件内力实测值与理论值的差异并分析其原因。满载时网架中杆件应变理论计算值见表 2-5。

表 2-5 网架部分杆件应变理论计算值(总荷载为 4×37.5kN 时)

杆件号	应变/$\mu\varepsilon$	杆件号	应变/$\mu\varepsilon$	杆件号	应变/$\mu\varepsilon$	杆件号	应变/$\mu\varepsilon$
1-1	0	2-1	0	3-1	0	4-1	0
1-2	−296	2-2	−296	3-2	−296	4-2	−296
1-3	−247	2-3	−247	3-3	−247	4-3	−247
1-4	−179	2-4	−179	3-4	−179	4-4	−179
1-5	65	2-5	65	3-5	65	4-5	65
1-6	182	2-6	182	3-6	182	4-6	182
1-7	0	2-7	0	3-7	0	4-7	0
1-8	−770	2-8	−770	3-8	−770	4-8	−770
1-9	−4	2-9	−4	3-9	−4	4-9	−4
1-10	−616	2-10	−616	3-10	−616	4-10	−616
1-11	−246	2-11	−246	3-11	−246	4-11	−246
1-12	−119	2-12	−119	3-12	−119	4-12	−119
1-13	−88	2-13	−88	3-13	−88	4-13	−88
1-14	−269	2-14	−269	3-14	−269	4-14	−269
1-15	943	2-15	943	3-15	943	4-15	943
1-16	121	2-16	121	3-16	121	4-16	121
1-17	861	2-17	861	3-17	861	4-17	861
1-18	116	2-18	116	3-18	116	4-18	116

(5)节点位移计算与分析,绘出各级荷载下节点的荷载-位移(P-s)曲线(图 2-13)。

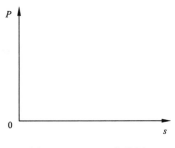

图 2-13 P-s 曲线图

(6)比较满载时,节点位移的实测值与理论值的差异并分析其原因。满载时网架节点位移理论计算值见表 2-6。

表 2-6 网架节点位移理论计算值(总荷载为 4×37.5 kN 时)

测点号	饶度值/mm	测点号	饶度值/mm	测点号	饶度值/mm	测点号	饶度值/mm
DA1	0.000	DB1	0.469	DC1	0.469	DD1	0.000
DA2	4.078	DB2	4.260	DC2	4.260	DD2	4.078
DA3	7.406	DB3	7.511	DC3	7.511	DD3	7.406
DA4	9.222	DB4	9.315	DC4	9.315	DD4	9.222
DA5	9.227	DB5	9.320	DC5	9.320	DD5	9.227
DA6	7.417	DB6	7.532	DC6	7.532	DD6	7.417
DA7	7.088	DB7	4.039	DC7	4.039	DD7	7.088
DA8	0.000	DB8	0.563	DC8	0.563	DD8	0.000

五、思考题

题目1.各应变测点接入桥路时,采用何种桥路接法?为什么?

题目2.应变实测值和理论计算值是否存在差异?主要原因是什么?

题目3.根据钢网架的受力特点和实测数据,判断哪些测点的数据误差大、不可信?

实验五 钢筋混凝土梁正截面受弯性能实验

主题词：正截面受弯、加载方案、开裂荷载、破坏荷载、裂缝开展

一、实验目的和方法

1. 实验目的

(1)掌握制定混凝土结构构件实验方案的原则,设计钢筋混凝土简支梁的受弯破坏的加荷方案和测试方案。

(2)熟悉常用钢筋混凝土构件制作及测试系统的组成,能根据实验设计量程和精度要求准确选择实验设备和测量仪器,进一步熟悉结构实验的常用仪表的使用方法。

(3)加深对钢筋混凝土梁正截面受弯性能的认识。

(4)初步掌握实验量测数据的整理和分析技术,正确撰写实验报告。

(5)深化所学知识,培养动手能力和创新能力,提高科研兴趣。

2. 室内实验方法

(1)设计钢筋混凝土梁截面尺寸及配筋,在结构实验室按设计图纸要求进行钢筋下料。设计钢筋混凝土梁如图2-14所示,梁长为2 700mm,计算跨径为2 400mm,截面尺寸为150mm×250mm。采用C20混凝土,纵筋级别为HRB335,箍筋级别为HPB300。

(2)将混凝土梁运至实验室,按照预定方案进行承载力试验,观测裂缝的产生与开展情况,记录试件受力各个过程的现象,直至试件破坏,并与预测结果比较,完成实验报告。

二、实验设备和仪器

(1)试件:普通钢筋混凝土简支梁,截面尺寸及配筋如图2-14所示。
(2)加载:采用手动液压千斤顶和分配梁加载。
(3)静态电阻应变仪。
(4)电阻应变片。
(5)百分表。
(6)读数显微镜。
(7)压力传感器。

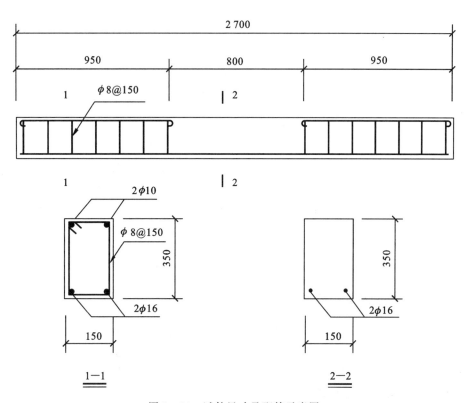

图 2-14 试件尺寸及配筋示意图

三、实验方案

1. 加载装置及测点布置

实验全过程要测读荷载施加力值、挠度和应变的数据。加载装置和测点布置如图 2-15 所示,采取在梁跨中施加一集中力作用,通过分配梁使梁的 1/3 跨度处分别受大小相等的集中荷载作用。在中间的纯弯区段混凝土表面设置电阻应变片测点,以便测定梁截面上混凝土的应变,共设测点 5 个:压区顶面一点、受压钢筋处一点、受拉主筋处一点,中间两点按外密内疏布置。挠度测点 5 个:跨中一点,分配梁加载点各一点,支座处各设一沉降测点。

2. 受弯破坏的加载方案

(1)预加载:将混凝土梁的自重和梁上跨中位置处垫板、千斤顶等设备重作为预加载值。
(2)正常使用荷载试验和破坏试验加载。
荷载分级原则:在正常使用荷载以内,每级取其荷载值的 20%,一般分 5 级加至标准荷载;超过正常使用荷载后,每级取其荷载值的 10%,当荷载加至承载力试验荷载计算值的 90%以后,每级取正常使用荷载的 5%,直至破坏。
(3)卸载:当试件破坏后卸载,清理实验室,整理资料。

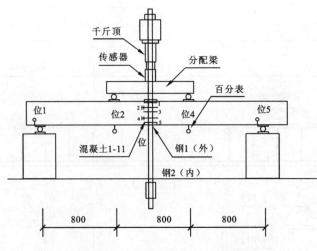

图 2-15 加载装置及测点布置图

3. 混凝土立方体试件抗压强度试验

(1)浇筑混凝土梁的同时浇筑一混凝土立方体试件,将试件从养护地点取出后及时进行试验,先将试件表面和上、下承压面擦干净。

(2)将试件安放在试验机的下压板上,立方体的中心以试验机下压板中心对准,落上压板,当上压板与试件接近时,调整试件与试验机,使接触均衡。

(3)连续均匀加荷。

(4)当试件接近破坏并开始急剧变形时,停止加压,直至试件破坏,记录破坏荷载,清理破坏的试件。

(5)根据破坏荷载,计算混凝土抗压强度。

4. 试验荷载计算

根据混凝土抗压强度,计算梁开裂荷载和破坏荷载。

5. 加载程序

按标准荷载 $p=50\text{kN}$ 的 20% 分级算出加载值、自重及分配梁作为初级荷载计入。在开裂荷载(约17kN)之前和接近破坏荷载(66kN)之前,加载值按分级数值的 1/2 或 1/4 取用,以准确测出开裂荷载和破坏荷载。具体加载程序见表 2-7。

表 2-7 加载程序及梁的外观特征观测

	荷载级别	本级荷载/kN	累计荷载/kN	说明
预载	预载0	分配梁自重	——	卸载至零以后,正式加载实验
	预载1	5.0	5.0	
	预载2	5.0	5.0	

续表 2-7

	荷载级别	本级荷载/kN	累计荷载/kN	说明
标准加载	2	5.0	5.0	注意观测第一条裂缝出现,开裂之后改为 10kN/级
	3	5.0	10.0	
	4	5.0	15.0	
	5	2.5	17.5	
	6	2.5	20.0	
	7	10	30	总加荷载 50kN 之后,荷载级别改为 5.0kN/级。注意观察梁的破坏特征
	8	10	40	
	9	10	50	
	10	5.0	55	
破坏加载	11	5.0	60	
	12	5.0	65	
	13	5.0	70	

6. 开裂荷载的确定

为准确测定开裂荷载值,实验过程中应注意观察第一条裂缝的出现。在此之前应把荷载取为标准荷载的 5%。

7. 破坏荷载的确定

当试件进行到破坏时,注意观察试件的破坏特征并确定其破坏荷载值。当发现下列情况之一时,即认为该构件已经达到破坏,并以此时的荷载作为试件的破坏荷载值。

(1)正截面强度破坏:①受压混凝土破坏;②纵向受拉钢筋被拉断;③纵向受拉钢筋达到或超过屈服强度后致使构件挠度达到跨度的 1/50,或构件纵向受拉钢筋处的最大裂缝宽度达到 1.5mm。

(2)斜截面强度破坏:①受压区混凝土剪压或斜拉破坏;②箍筋达到或超过屈服强度后致使斜裂缝宽度达到 1.5mm;③混凝土斜压破坏。

(3)受力筋在端部滑脱或其他锚固破坏。

四、实验步骤

(1)安装试件,标好测点位置。

(2)安装仪器仪表,在跨中位置下方、分配梁加载点下方及两支座的上方安放百分表;在应变片测点位置处,用砂纸打磨后再用丙酮清洗干净,按"电阻应变片粘贴技术"要求贴好应变片,做好防潮处理,引出接线,联线调试。

(3)实验准备就绪后,进行 1~2 级预载,测读数据,观察试件、装置和仪表工作是否正常并及时排除故障。预载值必须小于构件的开裂荷载值。

(4)加载前读百分表和应变仪,检查有无初始裂缝并记录。

(5)正式实验:按表2-7加载程序进行加载。每级停歇5min,等试件变形趋于稳定后,再仔细测读仪表读数,并做好记录。与此同时,在试件上绘出每级荷载下裂缝的发展情况,并注明荷载级别和裂缝宽度值。待所有校核无误,方可进行下一级加荷,直至加载至破坏为止。

(6)加载实验过程中,注意仪表及加载装置的工作情况,细致观察裂缝的发生、发展和构件的破坏形态。

(7)整理分析实验结果。

五、成果整理

(1)画出测点布置图(包括应变、位移),并编号使它与记录表中编号一致。
(2)实验记录(表2-8)。

表2-8 应变与挠度记录表

荷载		测点	混凝土应变/$\mu\varepsilon$					挠度/mm				
			1	2	3	4	5	1	2	3	4	5
荷载级数	荷载值/kN	压力传感器读数/$\mu\varepsilon$										
预载	00											
	01											
	02											
标准加载	1											
	2											
	3											
	4											
	5											
	6											
	7											
	8											
	9											
	10											
破坏加载	11											
	12											
	13											
	14											
	15											

(3)画出梁的裂缝开展分布图(图2-16)。在实验过程中始终跟踪描下裂缝开展的轨迹、此级荷载大小及裂宽大小。其目的是为了了解结构在荷载作用下的工作状态。实验结束后,立即拍照,并在坐标纸上按比例作一裂缝展开图。按实测时实际裂缝绘出开展部位、方向、长度以及每级荷载下的裂宽等信息。

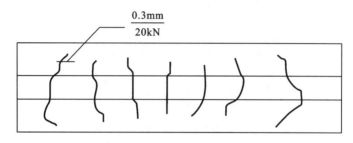

图2-16 梁的裂缝开展分布图

(4)画出梁的荷载-挠度曲线图(图2-17)。跨中挠度值应为中间测点减去两支座测点平均值。

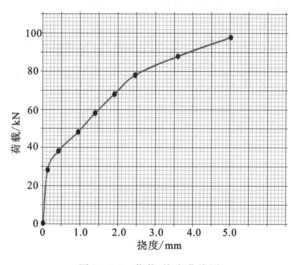

图2-17 荷载-挠度曲线图

(5)对表2-8中的实测数据进行判别,选择有效测点数据,画出梁跨中截面在各级荷载作用下的截面应变分布图(图2-18),并以截面应变分布图来了解应变沿截面高度分布的规律及其变化过程,同时观察其中和轴的移动情况,并验证平截面假定。

图2-18中,A为第一级荷载,B为第二级荷载,C为第三级荷载。1、2、3、4、5分别为5个沿截面高度分布的应变测点。平截面假定:图2-18中分析了各级荷载下跨中截面各测点应变情况,从图中可以看出,跨中截面从加载至破坏各阶段,基本呈一条直线,即同一截面在受荷前后基本保持一平面,符合平截面假定。

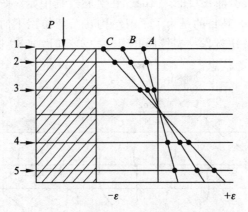

图 2-18　各级荷载作用下截面应变分布图

六、思考题

题目 1. 梁受弯实验挠度观测方案是否合理？挠度可以直接取跨中的实测值吗？为什么？

题目 2. 分析探讨影响实验定量分析的误差的产生原因，并根据梁受力特点和实测数据，指出哪些测点的数据误差大、不可信。

题目 3. 试述实验现象，如何级荷载下裂缝开始出现、裂缝的扩展情况、梁破坏的特征等。

实验六　钢框架动载实验

主题词：自振特性、自振频率、阻尼比、振型、自由振动法、脉动法、共振法

一、基本原理

1. 测结构自振特性的目的

动荷载所产生的效应有时远大于相应的静力效应，甚至一个并不大的动荷载就能使结构造成严重的破坏，而结构的动力反应与结构自振特性密切相关。结构自振特性包括3个参数：自振频率、阻尼（阻尼比）、振型。结构自振特性是结构自身所固有的属性，它取决于结构的质量、刚度，仅与结构自身材料的组成有关，与外荷载无关。

实测结构自振特性的意义：①设计受动力作用的结构物时，力图避开共振区，从而减少动力影响；②如结构必须在共振区工作，则阻尼可以抑制动力反应；③当用振型分解法计算结构振动时，结构的自振特性必须预先确定。

2. 实测结构自振特性参数的方法

实测结构自振特性参数的方法有自由振动法（初位移法，初速度法）、共振法、脉动法。

（1）自由振动法：借助于外荷载使结构产生一初位移（或初速度），使结构由于弹性而自由振动起来，由此记录振动波形，从而获得自振特性的方法。

（2）共振法：利用激振设备，对被测结构物施加一简谐荷载使结构产生一恒定的强迫简谐振动，借助共振原理得到结构自振特性的方法。当干扰力的频率与结构本身自振频率相等时，结构就出现共振。

（3）脉动法：借助被测结构物周围的不规则微弱干扰（如地面脉动、空气流动等）所产生的微弱振动作为激励来测定结构物自振特性的方法。采用脉动法能明显反映被测结构物的固有频率，甚至高次频率。它的最大优点是简便易行，不用专门的激振设备且不受结构物大小的限制。

本实验采用自由振动法和脉动法。

二、实验目的和方法

1. 实验目的

（1）练习动态应变仪、压电加速度传感器、计算机数据采集系统的使用方法。

（2）了解用初速度法、初位移法、脉动法测结构动力特性和动力反应的测试方法。

(3) 进一步理解结构的固有频率、振型、阻尼比的概念。

(4) 在结构自由振动情况下，会计算结构的固有频率、振型、阻尼比。

2. 实验方法

在一个钢框架上布置传感器，如图 2-19 所示。通过张拉方法使钢框架产生一个初始位移，然后快速释放，使模型产生自由振动；对框架模型施加一个冲击荷载（用榔头敲击）的方法使钢框架产生一个初始速度，使模型产生自由振动，通过动态数据采集系统得到钢框架的自由振动曲线。或者采用环境随机振动激励结构，由动态数据采集系统、计算机采集记录结构脉动波形。最后计算结构的固有频率、振型、阻尼比。

三、实验装置及仪器设备

(1) 钢框架一个。

(2) 动态数据采集系统。

(3) 计算机一台。

(4) 压电加速度传感器。

四、实验方法及步骤

1. 实验准备

(1) 把传感器布置到被测试的钢框架上；本实验用的是压电晶体式加速度计，这种加速度计可以采用磁铁吸上或用螺丝连接固定到被测结构上。

(2) 动态数据采集仪中已经集成了电荷放大器，可直接用仪器所带的电缆线将传感器的输出端与动态数据采集仪连接好，再用网线将动态数据采集仪和计算机连接，按图 2-19 所示的方法连接好测量系统，并检查无误。

(3) 根据传感器所给的电荷灵敏度，在动态采集系统中设置传感器灵敏度，每个传感器灵敏度不一样。

(4) 根据被测量的要求设置采样频率，土木工程中振动都属低频，不超过 100Hz。

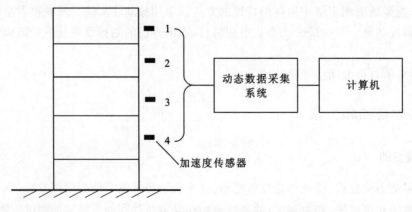

图 2-19 传感器布置及测量系统连接图

2. 初位移法

(1)根据预先估计的振幅、频率范围,设置好动态数据采集仪中各通道参数、量程大小。

(2)用力将框架模型拉出一个初位移,并快速释放,使模型产生自由振动,同时采集记录自由振动波形。

(3)对采集记录的波形进行分析,求得结构的自振频率、阻尼比和振型。

(4)对采集的波形进行频谱分析,确定结构的固有频率。

(5)将记录的时域波形和频谱图转存为位图,拷贝到U盘。

3. 初速度法

(1)根据预先估计的振幅、频率范围,设置好动态数据采集仪中各通道参数、量程大小。

(2)对框架模型施加一个冲击荷载(用榔头敲击),使模型产生自由振动,同时采集记录自由振动波形。

(3)对记录的波形进行分析,求得结构的自振频率、阻尼比。

(4)对采集的波形进行频谱分析,确定结构的固有频率。

(5)将记录的时域波形和频谱图转存为位图,拷贝到U盘。

4. 脉动法

(1)根据预先估计的振幅、频率范围,设置好动态数据采集仪中各通道参数、量程大小。

(2)采用环境随机振动激励结构,由计算机采集记录结构脉动波形。

(3)对采集的波形进行频谱分析,确定结构的前三阶频率。

(4)将分析处理后的时域波形和频谱图转存为位图,拷贝到U盘。

五、成果整理

(1)附上实测记录,分别将3种方法所测得的时域波形和频谱图粘贴在下面空白处。

(2)根据自由振动法实测记录的时域波形图求取自振频率。结构的自振频率又称为结构的固有频率,它是结构自身所固有的频率。根据测试结果(图2-20)计算固有频率:从实测得到的有衰减的结构自由振动记录曲线上,去掉最初的一两个波不用(消除初始的影响),取若干个波的总时间除以波数,得出平均周期,取其倒数得到固有频率值

$$f = \frac{N}{t} \tag{2-4}$$

$$f = 1/T \tag{2-5}$$

式中:f——固有频率;

T——自振周期;

N——波的个数;

t——N个波的总时间。

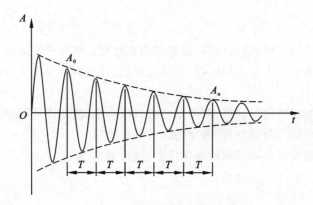

图 2-20　实测波形的频率计算图

（3）根据自由振动法实测记录的时域波形图求取阻尼比。采用自由振动法时，直接从所测出的自由振动时域波形曲线上求取阻尼比。由于结构物的自由振动是有阻尼的衰减振动，且是以对数形式衰减（图 2-21），故人们把这种有阻尼的衰减系数称为对数衰减率 λ，定义

$$\lambda = \ln \frac{a_n}{a_{n+1}} \tag{2-6}$$

式中，a_n、a_{n+1}——前后两相邻波的幅值。然而，在实测中，由于要有足够的样本，故要拓宽到 a_{n+k}，故作如下变换（图 2-21）。

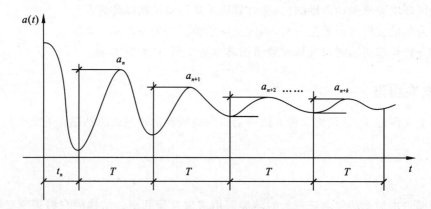

图 2-21　实测波形的阻尼比算法

由于有

$$\frac{a_n}{a_{n+k}} = \frac{a_n}{a_{n+1}} \cdot \frac{a_{n+1}}{a_{n+2}} \cdot \frac{a_{n+2}}{a_{n+3}} \cdots \frac{a_{n+k-1}}{a_{n+k}} \tag{2-7}$$

将方程两边取对数

$$\ln \frac{a_n}{a_{n+k}} = \ln \frac{a_n}{a_{n+1}} + \ln \frac{a_{n+1}}{a_{n+2}} + \ln \frac{a_{n+2}}{a_{n+3}} + \cdots + \ln \frac{a_{n+k-1}}{a_{n+k}} = k\lambda \tag{2-8}$$

故

$$\lambda = \frac{1}{k} \ln \frac{a_n}{a_{n+k}} \tag{2-9}$$

依据粘滞理论,图 2-21 所示单自由度体系振动时程曲线为
$$a(t)=Ae^{-\xi\omega t_n}\cos(\omega t-\alpha) \tag{2-10}$$
两相邻振幅之比为
$$\frac{a_n}{a_{n+1}}=\frac{e^{-\xi\omega t_n}}{e^{-\xi\omega(t_n+T)}}=e^{\xi\omega T} \tag{2-11}$$
式中:

T——图 2-21 时程曲线的一个周期;

ξ——结构物的阻尼比;

ω——结构自振圆频率。

将式(2-7)两边取对数则有
$$\ln\frac{a_n}{a_{n+1}}=\xi\omega T=\lambda \tag{2-12}$$
则
$$\xi=\frac{\lambda}{2\pi}=\frac{1}{2\pi k}\ln\frac{a_n}{a_{n+k}} \tag{2-13}$$

(4)根据自由振动法实测记录的时域波形计算振型。振型是结构物按其自身的某阶自振频率振动的各质点振动幅值相对大小的形状。可依实测的 1 号、2 号、3 号和 4 号测点的波形,在同一时刻量取每一测点的振动幅值。令某一测点的幅值为 1,按此比例作图即可(图 2-22)。

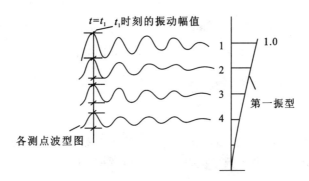

图 2-22 第一振型计算图

(5)对自由振动法(初速度法、初位移法)测得的振动曲线进行频谱分析,在频谱图上标注结构自振频率 ω_b,并利用半功率法计算一阶阻尼比(图 2-23)。

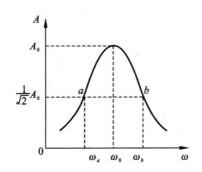

图 2-23 半功率点法求阻尼比示意图

半功率点法求阻尼比为

$$\xi = \frac{\omega_b - \omega_a}{2\omega_0} \tag{2-14}$$

(6)对脉动法测得的振动曲线进行频谱分析,确定结构的前三阶频率,并附相应的频谱图(图2-24)。

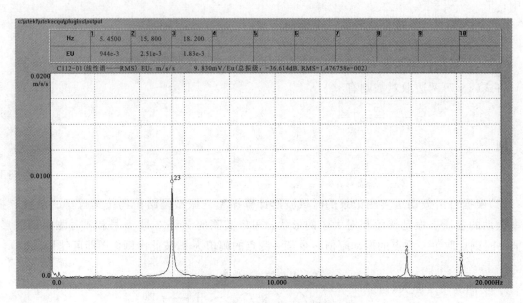

图2-24 某三阶频率的频谱图示例

六、注意事项

(1)在布置传感器时,被布置点的区域要打平,使传感器安装好后能与结构垂直。
(2)根据实测结构,估计上限频率值,以调整采样频率。

七、思考题

题目1.结构动态测试包括哪几个内容?
题目2.实测结构动力特性有哪几种方法?
题目3.结构动力特性包括哪3个参数?它们取决于什么?

实验七 混凝土无损检测——回弹法检测混凝土抗压强度

所谓无损检测即是被测结构或构件不被物理破坏而测得与所使用材料有关的各种物理量,并以此推定结构或构件强度和其内部是否有缺陷的一种测试技术。我国目前采用的无损检测的方法有回弹法、超声法、回弹-超声综合法。

主题词:回弹仪回弹法、回弹值、碳化深度、混凝土强度推定值

一、基本原理

回弹法是一种利用标准能量为 2.207J 混凝土回弹仪,通过测强曲线检验结构或构件混凝土抗压强度的无损检测方法。它具有仪器简单、操作方便、经济迅速等特点。目前在现场混凝土抗压强度检测中应用广泛。

回弹仪的使用原理:用弹击杆撞击混凝土表面,利用冲击碰撞的回跳来反映被测物表面的硬度。物体的硬度越大,碰撞时,回弹距离越大。混凝土的强度与其表面硬度有十分密切的关系。利用回弹仪测量弹击锤的回弹值,再利用回弹值与混凝土表面硬度(强度)的关系,就可以推断混凝土的强度。仪器工作时,随着对回弹仪施压,弹击杆徐徐向机壳内推进,拉力弹簧被拉伸,使连接拉力弹簧的弹击锤获得恒定的冲击能量 E,当仪器水平状态时,其冲击能量 E 可由公式(2-15)计算

$$E=\frac{1}{2}KL^2=2.207J \tag{2-15}$$

式中:

K——拉力弹簧的刚度 785.0N/m;

L——拉力弹簧工作时拉伸长度 0.075m。

当挂钩与调零螺钉互相挤压时,使弹击锤脱钩,于是弹击锤的冲击面与弹击杆的后端平面相碰撞,此时弹击锤释放出来的能量借助弹击杆传递给混凝土构件,混凝土弹性反应的能量又通过弹性杆传递给弹性锤,使弹性锤获得回弹的能量向后弹回。计算弹击锤回弹的距离 L' 和弹击锤脱钩前距弹击杆后端平面的距离 L 之比,即得回弹值 R。它由仪器外壳上的刻度尺示出,带液晶显示屏的数显回弹仪可直接显示其回弹值。

二、实验设备及仪表

(1)混凝土回弹仪一台。

(2)混凝土梁一根。

(3)厘米钢板尺一把。

三、实验步骤

1. 测区布置

每一构件长度大于或等于 4.5m,不应少于 10 个测区;长度小于 4.5m,且高度小于 0.3m 的构件,其测区数量可适当减少,但不应少于 5 个测区。测区应在混凝土浇筑侧面,且安排在相对的两个侧面交错位置。每个测区取 $20 \times 20 = 400 (cm^2)$ 方块面积,测区与测区均匀分布于混凝土梁侧面,测区与测区之间的距离不得超过 2m,靠近构件的测区与构件边缘或外露钢筋的距离一般要不小于 3cm。

2. 测点及测量

在每个测区内均匀弹击 16 个测点,测点之间距离不小于 2cm(通常为 4 个测点一排,共 4 排)。测量回弹值时,回弹仪应始终与测面相垂直,并不得打在气孔和外露石子上,同一测点只允许弹击一次,如图 2-25 所示。

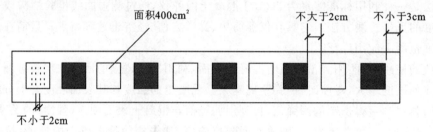

图 2-25 测区及测点布置图

3. 测定碳化深度

由于回弹法是以混凝土表面硬度的回弹值来推定混凝土强度值的,因此必须考虑影响混凝土表面硬度的碳化深度。

空气中的 CO_2 与混凝土中的 $Ca(OH)_2$ 反应生成碳酸钙的结硬层,此结硬层的深度即碳化深度。随着时间的推移,构件越陈旧,其碳化深度也就越深,如图 2-26 所示。

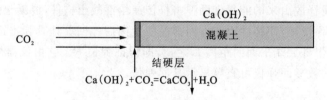

图 2-26 混凝土表面硬度的碳化深度

每一个测区需测一个碳化深度,在测区附近转一个孔,孔径为 15mm,深度为 5~6mm,用浓度为 1% 的酚酞酒精溶液滴在孔内,用游标卡尺由孔表面垂直量至孔内紫红色的深度即为碳化深度。

四、实验要求

(1)测试面最好选择与混凝土浇筑方向垂直的面,测试角度最好选择水平方向,否则要分别进行修正($\overline{N}=\overline{N}_a+\Delta N_a$, $\overline{N}=\overline{N}_s+\Delta N_s$)。

(2)测点要选择平整、无气孔、无露石子的地方。测点离构件边的距离大于或等于3cm,测点间的距离大于或等于2cm。

(3)测试时回弹仪的轴线与测点平面要垂直,压弹击杆要缓慢,不要施加冲击力。

五、数据整理及强度推定

(1)每个测区16个测点的回弹数据中,舍去最大的3个数据和最小的3个数据,取余下10个测点回弹数据的平均值。

(2)当测试面不是混凝土浇筑方向的垂直面,回弹仪的测试角度不是水平方向时,测得的回弹值要进行相应的修正。

(3)把测区平均回弹值$\overline{N}$(经浇筑面和测试角度的修正)和碳化深度$\overline{L}$值代入回归方程: $R_{ni}=0.034\,488\overline{N}^{1.940\,0}\cdot 10^{-0.017\,3\overline{L}}$,计算得到测区混凝土强度换算值或直接查表求得。

(4)计算构件强度换算值的最小值、平均值和标准差。

(5)根据测区数的不同,确定构件混凝土强度推定值。

(6)测试记录、强度计算及推定均在原始记录表和强度计算表内进行,参见表2-9和表2-10。

六、思考题

题目1.回弹法是依据什么原理来推定混凝土强度的?

题目2.为什么说回弹法对混凝土强度的测定值是"推定值"?

题目3.回弹法测混凝土强度时,为什么要测定被测混凝土的碳化深度?

表 2-9 回弹法检测原始记录表

编号		回弹值 N_i															R_m	碳化深度 L/mm
构件	测区	1	2	3	4	5	6	7	8	9	10	11	12	13	14	15	16		
	1																		
	2																		
	3																		
	4																		
	5																		
	6																		
	7																		
	8																		
	9																		
	10																		

测试面状态	侧面、上表面、底面、风干、潮湿、光洁、粗糙	回弹仪	型号	备注
测试角度 α	水平　　向上　　向下		率定值	

记录：　　　　　　计算：　　　　　　测试日期：　　　年　　月　　日

测试：

表 2-10 构件混凝土强度计算表

项目	结构或构件名称及编号	1	2	3	4	5	6	7	8	9	10
	测区号										
回弹值 $\overline{N}$	测区平均值										
	角度修正值 ΔN_a										
	角度修正后										
	浇筑面修正值 ΔN_s										
	浇注面修正后										
	平均碳化深度值 $\overline{L}$/mm										
	测区强度换算值 R_m/MPa										
强度计算/MPa	$n=$ $\overline{R_n}=\dfrac{\sum_{i=1}^{n} R_{mi}}{n}=$ $S_n=\sqrt{\dfrac{\sum_{i=1}^{n} R_{mi}^2 - n\overline{R_n^2}}{n-1}}=$ $R_{n1}=\overline{R_n}-1.645S_n=$ $R_{n2}=(R_{mi})_{\min}=$									
强度推定值 f_{cu}/MPa										

测试： 计算： 复核： 计算日期： 年 月 日

实验八 混凝土无损检测——超声回弹综合检测混凝土强度

主题词：超声回弹综合法、声速、回弹值、相互弥补不足

一、基本原理

1. 超声波检测混凝土强度的原理

超声波在混凝土中传播时，其速度的平方与混凝土的弹性模量 E_c 成正比，与混凝土的密度成反比，与混凝土的强度成正比。混凝土有空洞、强度低，则超声波穿透时间长；混凝土密实、强度高，则超声波穿透时间短，故可用超声波在混凝土中传播的速度快慢来推定其强度。超声波在混凝土中传播的时间，称为声时；将发射探头与接收探头之间的距离除以声时，得到超声波在混凝土中传播的速度，称为声速；超声检测仪将从发射探头发射的脉冲信号第一次达到接收探头的信号称为首波。超声检测仪主要检测首波达到的时间和首波的波形。

2. 超声回弹综合法定义

超声回弹综合法是指采用超声检测仪和回弹仪，在结构或构件混凝土的同一测区分别测量超声声时和回弹值，以声速和回弹值综合反映混凝土抗压强度，利用已建立的测强公式，推算该测区混凝土强度的方法。

与单一的回弹法或超声法相比，超声回弹综合法具有以下优点：①混凝土的龄期和含水率对回弹值和声速都有影响，两者结合的综合法可以减少混凝土龄期和含水率的影响；②回弹法通过混凝土表层的弹性和硬度反映混凝土的强度，超声法通过整个截面的弹性特性反映混凝土的强度。采用超声回弹综合法，可以内外结合，相互弥补各自不足，较全面地反映了混凝土的实际质量。

二、仪器设备

(1) 混凝土回弹仪一台。
(2) 非金属超声仪一台。
(3) 混凝土梁一根。
(4) 厘米钢板尺一把。

三、实验步骤

1. 测区布置

每一构件长度大于或等于 4.5m,不应少于 10 个测区;长度小于 4.5m,且高度小于 0.3m 的构件,其测区数量可适当减少,但不应少于 5 个测区。测区应在混凝土浇筑侧面,每个测区取 $20\times20=400(cm^2)$ 方块面积,测区与测区均匀分布于混凝土梁侧面,测区与测区之间的距离不得超过 2m,靠近构件的测区与构件边缘或外露钢筋的距离一般要不小于 3cm。

2. 测点及测量

采用超声回弹综合法检测混凝土强度的步骤与回弹法和超声法相同,在选定的测区内分别进行超声测试和回弹测试,得到声速值和回弹值,检测步骤如下:

(1)在试件两面测区回弹测点 16 个、超声测点沿测区对角线安排 3 个。

(2)先测回弹值,同一测点只允许弹击一次,非水平状态下测得的回弹值需进行修正。从测区正反 16 个回弹值中剔除 3 个较大值和 3 个较小值,然后求取剩余 10 个有效回弹值的平均值作为测区回弹代表值。

(3)分别在与回弹同一测区的 3 个测点进行超声对测。超声仪采用非金属超声仪。工作频率在 1MHz 以下(通常采用 50~100kHz)。量测超声波穿过混凝土的厚度,将两个换能器保持在一条直线上。以 3 个测点的平均值作为该测区混凝土声速代表值,在混凝土浇筑面或底面测试时,所测得的声速须乘以 1.034。

四、实验要求

(1)测试面最好选择与混凝土浇筑方向垂直的面,测试角度最好选择水平方向,否则须进行修正。

(2)回弹测点要选择平整、无气孔、无露石子的地方。测点离构件边的距离大于或等于 3cm,测点间的距离大于或等于 2cm。

(3)测试时回弹仪的轴线与测点平面要垂直,压弹击杆要缓慢,不要施加冲击力。

(4)超声测试时换能器与混凝土表面接触面要涂上黄油或浆糊等耦合剂。

五、数据整理及强度推定

(1)按照《超声回弹综合法检测混凝土强度技术规程》(CECS 02:2005),采用下列公式计算测区混凝土强度换算值

$$f_{cu,i}^c=0.005\,6(v_{ai})^{1.439}(R_{ai})^{1.769}（粗骨料为卵石时）\qquad(2-16)$$

$$f_{cu,i}^c=0.016\,2(v_{ai})^{1.656}(R_{ai})^{1.410}（粗骨料为碎石时）\qquad(2-17)$$

式中,V、R 分别为该测区声速的算术平均值和该区回弹值的算术平均值。

(2)算得每个测区的混凝土强度换算值后,其评定方法与回弹法的评定方法一致。分别计算构件强度换算值的最小值、平均值和标准差。

(3)根据测区数的不同,确定构件混凝土强度推定值。

(4)测试记录、强度计算及推定均在原始记录表和强度计算表内进行,参见表 2-11。

表 2-11 钢筋混凝土构件超声回弹综合法检测原始数据记录表

委托单位：　　　　　　　　　　工程名称：

编号	项目	回弹值											超声值					换算强度
													超声声时			测距	声速	
构件	测区	1	2	3	4	5	6	7	8	9	10	平均值	1	2	3	均值	mm	km/s	MPa
	1																		
	2																		
	3																		
	4																		
	5																		
	6																		
	7																		
	8																		
	9																		
	10																		
																	均方差＝		
																	最小值＝		
																	平均值＝		
																	评定值＝		
测试面		侧面 顶面 底面 风干 潮湿					测试角度							测试方法 对测 平测					

混凝土强度的推定值：　　　　MPa

技术负责：　　　　　计算人：　　　　　记录人：　　　　　测试人：

实验九　钢桁架非破坏静载实验

主题词：挠度评定、自重挠度、钢桁架、检验荷载值

一、基本原理

1. 结构构件性能评定

结构构件性能评定包括 3 个指标：承载力评定、挠度评定、抗裂评定。

2. 挠度指标的评定

(1)挠度指标所指的挠度，是结构构件在正常使用短期荷载值 Q_s，即荷载标准组合值下的挠度。

(2)挠度修正包括 5 种修正，其中通常需修正的有支座沉降修正、自重挠度修正及徐变影响修正等。

(3)自重挠度的修正方法通常采用近似计算法来得到。

由于结构构件在弹性范围内，其挠度与弯矩成正比，即依据"弯矩等效原则"有

$$f_g = \frac{M_g}{M_i^0} f_i^0 \tag{2-18}$$

式中：

f_g——结构构件自重产生的挠度；

M_g——结构构件自重产生的弯矩；

M_i^0——试验中结构构件在第 i 级荷载下的弯矩；

f_i^0——试验中结构构件在第 i 级荷载下且扣除了支座沉降的挠度实测值。

也可在其弹性阶段内，按荷载-挠度（P-f）比例式，求出自重所产生的挠度，如图 2-27 及公式（2-19）所示。

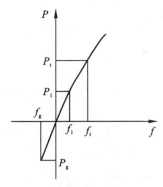

图 2-27　荷载-挠度曲线确定结构自重挠度示意图

$$f_\mathrm{g}=\frac{G_\mathrm{g}}{G_i}f_i^0 \qquad (2-19)$$

式中：

G_g——结构构件自重；

G_i——结构构件在弹性范围内第 i 级荷载下的荷载值。

(4) 挠度指标的评定为

$$f_\mathrm{s}^0 \leqslant [f_\mathrm{s}] \qquad (2-20)$$

式中：

f_s^0——在 Q_S（荷载标准组合值）下，结构构件短期挠度实测值；

$[f_\mathrm{S}]$——结构构件短期允许挠度值。

注：规范上所给出的挠度允许值 $[f]$ 指的是长期挠度允许值。在此挠度评定（比较）中应同是短期或同是长期才可比较。故可将规范的长期挠度允许值 $[f]$ 转换为短期的挠度值与短期的挠度实测值进行比较。转换式

$$[f_\mathrm{S}]=\frac{M_k}{M_q(\theta-1)+M_k}[f],\text{或者}[f_\mathrm{S}]=\frac{Q_\mathrm{S}}{Q_\mathrm{L}(\theta-1)+Q_\mathrm{S}}[f] \qquad (2-21)$$

式中：

M_k——按荷载标准组合计算的弯矩值；

M_q——按荷载长期效应组合－荷载准永久组合计算的弯矩值。

通常，$\theta=2.0$，也可按规范有关条文取用。

二、实验目的

(1) 了解钢桁架非破坏静载实验的一般过程及构件挠度评定的方法。

(2) 学习和掌握有关常用加载设备及测试仪器的安装和使用方法。

(3) 训练拟定实验报告及动手能力。

三、试件、实验设备及测试仪器仪表

1. 试件——钢桁架

钢桁架跨度 4.2m，上、下弦杆采用等边角钢 2∟63×5，腹杆采用等边角钢 2∟40×4。具体尺寸及测点布置如图 2-28 所示。

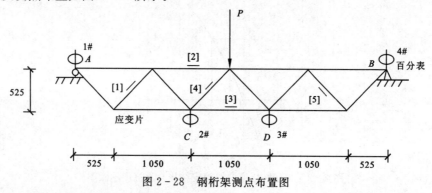

图 2-28 钢桁架测点布置图

2. 实验设备及测试仪器仪表

实验设备和测试仪器仪表包括手动千斤顶、门式反力架、支座和支墩、荷重传感器、静态电阻应变仪、百分表、磁性表座、表架等。

四、实验方法及步骤

(1) 检查试件和实验装置，安装仪表，测量挠度的百分表布置于下弦节点，测量挠度的位移布置于支座中心线上，电阻应变片预先已粘贴好，只需检查其阻值并接线于静态电阻应变仪进行测量。

(2) 加载采用如图 2-28 所示的单点集中荷载。

(3) 开始预载，加至正常使用短期荷载检测值(标准荷载)的 40% 作为预载，测取读数，检查装置、试件和仪表工作是否正常，而后卸载，及时排查出现的问题。

(4) 将仪表重新调整，记取初读数，作正式实验的准备。

(5) 正式实验，采用 5 级加载，每级按 20% 正常使用短期荷载检测值(标准荷载)加载，级间间歇 10min，待试件充分变形稳定后测取仪表读数，加至正常使用短期荷载检测值(标准荷载)后，停歇 30min，待试件充分变形稳定后测取仪表读数。

(6) 分两级卸载，并记录仪表读数。

(7) 将每级荷载下的仪表读数记入实验数据记录表格中。

(8) 正常使用短期荷载检测值(标准荷载)：$P_S=32\text{kN}$；试件——钢桁架自重：$G_K=1.1\text{kN}$，加载设备 $G_{K'}=0.2\text{kN}$；实际加载值：$P=KP_S-(G_K+G_{K'})$；实际正常使用短期荷载检测值(标准荷载)：$P=32-(1.1+0.2)=30.7(\text{kN})$，此时 $K=1$。

五、成果整理

(1) 用结构力学中节点法或截面法计算图中 5 个应变测点在正常使用短期荷载检测值(标准荷载)下的理论应变值(其中：弹性模量 $E=2.1\times10^5\text{MPa}$)。应变测点在标准荷载下的理论应变值计算如图 2-29 所示。

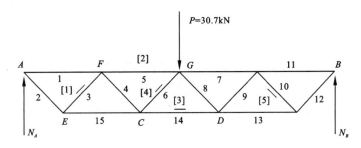

图 2-29 应变测点在标准荷载下的理论应变值计算图

图中，[ ] 为应变测点；腹杆 2∟40×4：$2\times3.086=617.2(\text{mm}^2)$，弦杆 2∟63×5：$2\times6.143=1228.6(\text{mm}^2)$；弹性模量 $E=2.1\times10^5\text{N/mm}^2$；标准荷载 $P=30.7(\text{kN})$。

以下采用节点法进行计算。

① 支座反力：两支座反力为桁架总荷载的一半。即

$$N_A = N_B = \frac{P}{2} = \frac{30.7}{2} = 15.35 \text{(kN)}$$

② 节点 A（图 2-30）：

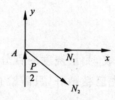

图 2-30 节点 A 计算图

$$\sum y = 0 \quad \frac{P}{2} + N_2 \cos 45° = 0 \quad N_2 = 21.7 \text{(kN)}$$
$$\sum x = 0 \quad N_1 + N_2 \cos 45° = 0 \quad N_1 = -15.34 \text{(kN)}$$

③ 节点 E（图 2-31）：

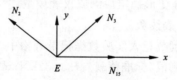

图 2-31 节点 E 计算图

$$\sum y = 0 \quad N_2 \cos 45° + N_3 \cos 45° = 0 \quad N_3 = -N_2 = -21.7 \text{(kN)}$$
$$\sum x = 0 \quad -N_2 \cos 45° + N_3 \cos 45° + N_{15} = 0 \quad N_{15} = -30.68 \text{(kN)}$$

所以：

应变测点[1]处的应变：$\varepsilon = \frac{\sigma}{E} = \frac{N}{EA} = \frac{N_3}{2.1 \times 10^5 \times 617.2} = -167.4 (\mu\varepsilon)$

④ 节点 F（图 2-32）：

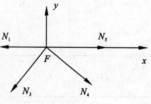

图 2-32 节点 F 计算图

$$\sum y = 0 \quad N_3 \cos 45° + N_4 \cos 45° = 0 \quad N_4 = 21.7 \text{(kN)}$$
$$\sum x = 0 \quad -N_1 - N_3 \cos 45° + N_5 + N_4 \cos 45° = 0 \quad N_5 = -46.02 \text{(kN)}$$

所以：

应变测点[2]处的应变：$\varepsilon=\dfrac{\sigma}{E}=\dfrac{N}{EA}=\dfrac{N_5}{2.1\times10^5\times617.2}=-355(\mu\varepsilon)$

⑤节点 C(图 2-33)：

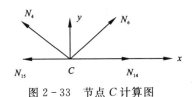

图 2-33 节点 C 计算图

$$\sum y=0 \quad N_4\cos45°+N_6\cos45°=0 \quad N_6=-21.7(\text{kN})$$
$$\sum x=0 \quad -N_{15}-N_4+N_6+N_{14}=0 \quad N_{14}=61.36(\text{kN})$$

所以：

应变测点[4]处的应变：$\varepsilon=\dfrac{\sigma}{E}=\dfrac{N}{EA}=\dfrac{N_6}{2.1\times10^5\times617.2}=-167.4(\mu\varepsilon)$

应变测点[3]处的应变：$\varepsilon=\dfrac{\sigma}{E}=\dfrac{N}{EA}=\dfrac{N_{14}}{2.1\times10^5\times1\,228.6}=237.8(\mu\varepsilon)$

应变测点[5]是应变测点[1]对称测点。

(2) 将以上计算结果填入实验数据记录表格内并与实测应变值进行比较，分析误差原因。

(3) 开始实验时，将实验中所做的每一步操作及观察到的现象及时记录下来。并将每个测点在不同荷载等级下的实测应变数据如实地记录在表 2-12 及表 2-13 中。

表 2-12　各应变测点不同荷载等级下实测应变值及理论应变值

	测点编号			[1]	[2]	[3]	[4]	[5]
	仪器编号							
序号	时间	荷载	累计					
1								
2								
3								
4								
5								
6								
7								
8								
9								
10								
	理论值(Q_S 下)							
	误差/%							

班级：　　　　　　　读数人：　　　　　　　记录人：

表 2-13 各位移测点不同荷载等级下实测位移值及理论位移值

序号	1	2	3	4	5	6	7	8	9	10
荷载累计										
A										
			理论值：					误差/%		
B										
C										
			理论值：					误差/%		
D										
			理论值：					误差/%		
实测挠度评定结论：										

班级：　　　　　　读数人：　　　　　　记录人：

(4) 挠度计算步骤如下。

① 挠度允许值计算。

按 $[f_L] = l_0/250 = \dfrac{(525+1\,050+1\,050+1\,050+525)}{250} = \dfrac{4\,200}{250} = 16.8 \text{(mm)}$

则

$$[f_s] = \dfrac{Q_s}{Q_L(\theta-1)+Q_s}[f] = \dfrac{32}{13.46+32} \times 16.8 = 11.82 \text{(mm)}$$

其中，使用荷载：

$32-1.1 = 30.9 \text{(kN)}$

则

$Q_L = 1.1 + 0.4 \times 30.9 = 13.46 \text{(kN)}$

② 实测挠度值计算。实验实测值如表 2-14 所示。

表 2-14 实验实测值表 （单位：mm）

	A	差值	B	差值	A、B均值	C	差值	D	差值	C、D均值
0kN	7.59		6.39			1.54		3.5		
20%P_s	7.57	0.02	6.35	0.04	0.03	1.95	0.41	3.89	0.39	0.40
100%P_s	7.42	0.17	6.19	0.20	0.19	3.51	1.97	5.61	2.11	2.04

注：P_s——正常使用短期荷载检测值。

自重挠度修正

$$f_g = \frac{P_K}{P_{0.2}} \times f_{0.2} = \frac{1.1}{5.1} \times (0.4 - 0.03) = 0.08 \text{(mm)}$$

其中

$$P_{0.2} = (32 \times 0.2) - 1.1 - 0.2 = 5.1 \text{(kN)}$$

挠度实测值

$$f_s^0 = (2.04 - 0.19) + 0.08 = 1.93 \text{(mm)}$$

由于

$$f_s^0 = 1.93 \text{mm} < [f_s] = 11.82 \text{(mm)}$$

挠度指标评定为合格。

六、思考题

题目1. 构件性能评定有哪些指标？挠度指标是指在什么荷载下的挠度？

题目2. 通常用什么方法来近似计算自重挠度？对于桁架、屋架，通常采用什么方法计算自重挠度？

实验十 预应力空心板鉴定性实验

主题词：鉴定性检验、承载力检验系数、抗裂检验系数、跨中短期挠度实测值

一、基本原理

结构构件性能评定包括 3 个指标：承载力评定、挠度评定、抗裂评定。

1. 承载力评定

$$\gamma_u^0 \geq \gamma_0 [\gamma_u] \tag{2-22}$$

式中：

γ_u^0——构件的承载力检验系数实测值，即试件的荷载实测值（初次观测到承载力检验标志之一时的荷载实测值）与荷载设计值（均包括自重）的比值；

γ_0——结构构件的安全等级和重要系数；

$[\gamma_u]$——构件的承载力检验系数允许值，见表 2-15。

表 2-15 承载力检验系数允许值

受力情况	轴心受拉、偏心受拉、受弯、大偏心受压					轴心受压 小偏心受压		受弯构件的受剪	
标志编号	①			②		③	④	⑤	⑥
承载力检验标志	主筋处裂宽达到1.5mm或挠度达到跨度的1/50			受压区混凝土破坏		受力主筋拉断	混凝土受压破坏	腹部斜裂缝宽度达到1.5mm或斜裂缝末端混凝土剪压破坏	斜截面混凝土斜压破坏或受拉主筋端部滑脱，其他锚固破坏
	HPB300、HRB335、HRB400钢筋冷拉HRB400钢筋	冷拉HRB400、HRB500钢筋	热处理钢筋钢丝钢绞线	HPB300、HRB335、HRB400钢筋冷拉HPB300、HRB335钢筋	冷拉HRB400、HRB500钢筋	热处理钢筋钢丝钢绞线				
允许系数	1.20	1.25	1.45	1.25	1.30	1.40	1.50	1.45	1.35	1.50

2. 挠度评定

挠度指标是指结构构件在 Q_s 下的挠度。

$$f_s^0 \leqslant [f_s] \quad (2-23)$$

式中：

f_s^0——在 Q_s（荷载标准组合值）下，结构构件短期挠度实测值；

$[f_s]$——结构构件短期允许挠度值。

注意：规范上所给出的挠度允许值$[f]$指的是长期挠度允许值。在此挠度评定（比较）中应同是短期或同是长期才可比较。故可将规范的长期挠度允许值$[f]$转换为短期的挠度值与短期的挠度实测值进行比较。

3. 抗裂性能评定

通常将构件作如下抗裂等级分类：对于严格要求不出现裂缝的构件称之为一级构件，对于一般性要求不出现裂缝的构件称之为二级构件，对于允许出现裂缝但对裂宽有限制的构件称之为三级构件。对于一级、二级构件进行抗裂评定，对于三级构件进行裂宽评定。

构件的抗裂度检验：

$$\gamma_{cr}^0 \geqslant [\gamma_{cr}] \quad (2-24)$$

式中：

γ_{cr}^0——构件抗裂检验系数实测值，即构件的开裂荷载实测值与荷载标准值（均包括自重）的比值；

$[\gamma_{cr}]$——构件抗裂检验系数的允许值。

裂宽评定：

$$W_{Smax}^0 \leqslant [W_{max}] \quad (2-25)$$

式中：W_{Smax}^0——在荷载标准组合值下，受拉主筋处最大裂缝宽度实测值；

$[W_{max}]$——构件检验的裂缝最大宽度允许值。

二、实验目的和方法

1. 实验目的

(1) 学习钢筋混凝土受弯构件产品鉴定性实验的基本原理和方法。

(2) 通过测定预应力空心板的承载力、挠度及裂缝宽度，对其结构性能进行评价。

2. 实验方法

将钢筋混凝土简支板吊装就位，采用正位实验，一端采用固定铰支座，另一端采用滚动铰支座，并在钢垫板与支墩及构件之间用 1∶2 水泥砂浆找平。采用铸铁砝码（0.1kN/块）对简支板施加均布荷载，分级加载时，荷重块应按区分格成垛堆放，以免形成拱作用。加载过程中主要测定构件的破坏荷载、开裂荷载、各级荷载下挠度及裂缝开展情况。

三、实验对象与实验设备

(1)检验构件:冷拔低碳钢丝预应力空心板(YKB2451)。板规格:500mm×2 400mm,板自重2.156kPa,装修重(抹面和灌浆)0.5kPa,活载2.0kPa。实配钢筋6ϕ_4^b,(Ⅰ组),混凝土等级C30。裂缝控制等级为二级,抗裂检验系数$[\gamma_{CR}]=1.275$,短期挠度计算值为0.59mm。

(2)加荷方法:铸铁砝码(0.1kN/块)均布分级加载。

(3)百分表、读数显微镜。

四、实验方案

1. 加载装置及测点布置

板长$L=2.4$m,板宽$B=0.5$m,计算跨度$La=2.3$m,实验采用铸铁砝码按区分格成垛堆放的形式给试验板施加均布荷载,加载装置和测点布置如图2-34所示。在板跨中两侧边装上百分表或挠度计,以便测读最大挠度,并在支座处装上百分表或挠度计以便测读支座沉陷。

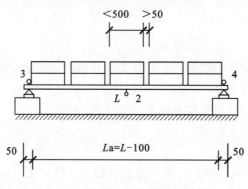

图2-34 加载装置和测点布置图

2. 用钢卷尺实测板截面尺寸和长度

利用钢卷尺分别测量板的长度、宽度和截面高度,并做好记录。

3. 试验荷载的计算

(1)根据板的实际截面尺寸算出板自重、板装修重和活载,再计算出标准荷载值P_K、荷载设计值P。

(2)扣除自重,求出加至标准荷载P_K时尚应施加的外荷载P_S,并把此荷载值进行分级,一般按5级分配,每级为20%P_K。

(3)将板面分成4~8个区段,根据每级荷载重量在板面划分区段内均匀加载。

(4)为准确测得构件的破坏荷载、开裂荷载,在每一检验标志附近,荷载等级应再细分为2~4级加载。

五、实验步骤

(1)按实验装置图安装试件和仪表。

(2)预加 1~2 级均布荷载看仪表工作是否正常,然后卸去荷载,排除故障,仪表重新调零。

(3)正式加载实验。每级荷载停留 5min,在两次加载中间读取仪表读数,填入表 2-16 中。

(4)在加至开裂荷载前,按 5% P_K 荷载级施加,记下开裂荷载值及各级荷载下裂缝开展宽度,一般取开裂前一级荷载作为开裂荷载值 P_{cr}。

(5)当出现裂缝宽度超过 1.5mm 或末级挠度超过 1/50 跨度(承载力检验标志①)、受压区混凝土破坏(标志②)、受力主筋拉断(标志③)、斜裂缝达 1.5mm 或斜裂缝末端混凝土破坏(标志⑤)、面斜压破坏或受拉主筋端部滑移超过 0.2m(标志⑥)中的任一现象均为破坏,认为构件到达承载力极限状况,此时可测得构件最大破坏荷载值 P_u。

六、实验结果的整理与分析

一般钢筋混凝土受弯构件的鉴定性实验需进行以下 3 个方面的检验:承载力检验、挠度检验、抗裂度检验。

(1)承载力检验

$$\gamma_u^0 \geqslant \gamma_0 [\gamma_u] \tag{2-26}$$

(2)构件挠度检验

按规范要求检验

$$f_s^0 \leqslant [f_s] \tag{2-27}$$

按实配钢筋检验,尚应满足

$$f_s^0 \leqslant f_s^c \tag{2-28}$$

式中:

f_s^0——正常使用短期荷载作用下,构件跨中的短期挠度实测值,mm。

$[f_s]$——正常使用短期荷载作用下,构件跨中的短期挠度允许值,mm;

f_s^c——正常使用短期荷载作用下,按实配钢筋确定的构件短期刚度计算的挠度,mm。

支座沉降影响的修正:对于简支静定结构构件,若左、右两支座沉降测量值分别为 f_l 和 f_r,跨中实测挠度值为 f_m,则扣除支座沉降后的试验挠度值为

$$f_1^0 = f_m - \frac{f_l + f_r}{2} \tag{2-29}$$

(3)构件的抗裂度检验

$$\gamma_{cr}^0 \geqslant [\gamma_{cr}] \tag{2-30}$$

(4)将试验仪表读数填入表 2-16 中。

表 2-16 结构性能检验记录表

荷载级次	荷载/kPa		测点1		测点2		测点3		测点4		实测挠度/mm	最大裂缝宽度/mm	备注
	每级	累计	每级	累计	每级	累计	每级	累计	每级	累计			
1													
2													
3													
4													
5													
6													
7													
8													
9													
10													
11													
12													
13													
14													
15													
16													
17													
18													

(5) 绘制荷载-挠度(P-f)曲线(图 2-35)。

图 2-35 跨中点 P-f 曲线图

(6) 进行结构性能评定,填写构件性能评定表(表 2-17)。

表 2-17 构件性能评定表

构件名称：　　　　规格：　　　　生产日期：

项目	外形尺寸	保护层厚度	主筋规格	混凝土强度	构件自重	短期检验荷载值	承载力检验荷载设计值
设计值							
实测值							

试验	加载方案： 仪表布置： （图示：矩形区域内布置测点 ○1 居中上部，○2 居中下部，○3 左侧，○4 右侧） 承载力标志： 裂缝情况：

检验项目	承载力检验系数					短期挠度/mm	抗裂检验系数
	B1	B2	B3	B4	B5		
检验指标							
实测值							
检验结论	结构检验合格？或不合格？						

七、思考题

题目 1. 构件性能评定有哪些指标？挠度指标是指在什么荷载下的挠度？

题目 2. 什么是构件的抗裂检测系数？

题目 3. 什么是构件的承载力检验系数？

参考文献

胡拔香.建筑力学实验指导书[M].成都:西南交大出版社,2007.
湖南大学等.建筑结构试验[M].4版.北京:中国建筑工业出版社,2016.
刘礼华.结构力学实验[M].2版.武汉:武汉大学出版社,2010.
龙驭球.结构力学Ⅰ——基础教程[M].4版.北京:高等教育出版社,2018.
宋学东,王晖,张坤强.力学与结构实验[M].郑州:黄河水利出版社,2017.
王焕定.实验结构力学[M].哈尔滨:哈尔滨工业大学出版社,2017.
周明华.土木工程结构试验与检测[M].南京:东南大学出版社,2002.
周详,刘益虹.工程结构检测[M].北京:北京大学出版社,2007.
JGJ/T 23-2011,回弹法检测混凝土抗压强度技术规程北京[S]

图书在版编目(CIP)数据

建筑结构实验指导书/张伟丽,周云艳主编. —武汉:中国地质大学出版社,2018.11(2022.1重印)
中国地质大学(武汉)实验教学系列教材

ISBN 978-7-5625-4430-2

Ⅰ.①建…
Ⅱ.①张… ②周…
Ⅲ.①建筑结构-结构试验-高等学校-教材
Ⅳ.①TU317

中国版本图书馆 CIP 数据核字(2018)第 240073 号

建筑结构实验指导书	张伟丽 周云艳 主编
责任编辑:彭 琳	责任校对:周 旭
出版发行:中国地质大学出版社(武汉市洪山区鲁磨路388号)	邮政编码:430074
电 话:(027)67883511 传 真:67883580	E-mail:cbb@cug.edu.cn
经 销:全国新华书店	http://cugp.cug.edu.cn
开本:787毫米×1 092毫米 1/16	字数:192千字 印张:7.5
版次:2018年11月第1版	印次:2022年1月第2次印刷
印刷:武汉市籍缘印刷厂	印数:501—1000 册
ISBN 978-7-5625-4430-2	定价:28.00元

如有印装质量问题请与印刷厂联系调换